数控机床实训教程

主　编　隋信举　盛光英　赵福辉
副主编　史文杰　丁丽娟　陈　松　魏茂源

电子工业出版社
Publishing House of Electronics Industry
北京·BEIJING

内 容 简 介

本书是依据数控职业技能鉴定考试的要求,在总结多年实践教学与培训经验的基础上编写而成的。全书共六章,内容包括:数控机床概论、数控机床的加工工艺及刀具系统、数控车床的操作与编程、数控铣床(加工中心)的操作与编程、数控机床的维护与保养、数控职业技能鉴定。为了方便学生理解数控加工工艺和编程基础知识,书中列举了适量的操作与编程实例。

本书既可作为高校数控实训教材,也可作为数控职业技能鉴定和企业职工培训教材或教学参考书。

未经许可,不得以任何方式复制或抄袭本书之部分或全部内容。
版权所有,侵权必究。

图书在版编目(CIP)数据

数控机床实训教程 / 隋信举,盛光英,赵福辉主编. —北京:电子工业出版社,2016.12
ISBN 978-7-121-30689-1

Ⅰ. ①数… Ⅱ. ①隋… ②盛… ③赵… Ⅲ. ①数控机床—高等学校育—教材 Ⅳ. ①TG659

中国版本图书馆 CIP 数据核字(2016)第 312937 号

策划编辑:朱怀永
责任编辑:朱怀永
印　　刷:北京盛通商印快线网络科技有限公司
装　　订:北京盛通商印快线网络科技有限公司
出版发行:电子工业出版社
　　　　　北京市海淀区万寿路 173 信箱　邮编 100036
开　　本:787×1092　1/16　印张:15.75　字数:396 千字
版　　次:2016 年 12 月第 1 版
印　　次:2021 年 12 月第 6 次印刷
定　　价:38.00 元

凡所购买电子工业出版社图书有缺损问题,请向购买书店调换。若书店售缺,请与本社发行部联系,联系及邮购电话:(010)88254888,88258888。
质量投诉请发邮件至 zlts@phei.com.cn,盗版侵权举报请发邮件至 dbqq@phei.com.cn。
本书咨询联系方式:(010)88254608 或 zhy@phei.com.cn。

序——加快应用型本科教材建设的思考

一、应用型高校转型呼唤应用型教材建设

教学与生产脱节，很多教材内容严重滞后现实，所学难以致用。这是我们在进行毕业生跟踪调查时经常听到的对高校教学现状提出的批评意见。由于这种脱节和滞后，造成很多毕业生及其就业单位不得不花费大量时间"补课"，既给刚踏上社会的学生无端增加了很大压力，又给就业单位白白增添了额外培训成本。难怪学生抱怨"专业不对口，学非所用"，企业讥讽"学生质量低，人才难寻"。

2010年，我国《国家中长期教育改革和发展规划纲要（2010—2020年）》指出：要加大教学投入，重点扩大应用型、复合型、技能型人才培养规模。2014年，《国务院关于加快发展现代职业教育的决定》进一步指出：要引导一批普通本科高等学校向应用技术类型高等学校转型，重点举办本科职业教育，培养应用型、技术技能型人才。这表明国家已发现并着手解决高等教育供应侧结构不对称问题。

转型一批到底是多少？据国家教育部披露，计划将600多所地方本科高校向应用技术、职业教育类型转变。这意味着未来几年我国将有50%以上的本科高校（2014年全国本科高校1202所）面临应用型转型，更多地承担应用型人才，特别是生产、管理、服务一线急需的应用技术型人才的培养任务。应用型人才培养作为高等教育人才培养体系的重要组成部分，已经被提上我国党和国家重要的议事日程。

军马未动、粮草先行。应用型高校转型要求加快应用型教材建设。教材是引导学生从未知进入已知的一条便捷途径。一部好的教材是既是取得良好教学效果的关键因素，又是优质教育资源的重要组成部分。它在很大程度上决定着学生在某一领域发展起点的远近。在高等教育逐步从"精英"走向"大众"直至"普及"的过程中，加快教材建设，使之与人才培养目标、模式相适应，与市场需求和时代发展相适应，已成为广大应用型高校面临并亟待解决的新问题。

烟台南山学院作为大型民营企业南山集团投资兴办的民办高校，与生俱来就是一所应用型高校。2005年升本以来，其依托大企业集团，坚定不移地实施学校地方性、应用型的办学定位。坚持立足胶东，着眼山东，面向全国；坚持以工为主，工管经文艺协调发展；坚持产教融合、校企合作，培养高素质应用型人才。初步形成了自己校企一体、实践育人的应用型办学特色。为加快应用型教材建设，提高应用型人才培养质量，今年学校推出的包括"应用型本科系列教材"在内的"百部学术著作建设工程"，可以视为南山学院升本

10 年来教学改革经验的初步总结和科研成果的集中展示。

二、应用型本科教材研编原则

编写一本好教材比一般人想象的要难得多。它既要考虑知识体系的完整性，又要考虑知识体系如何编排和建构；既要有利于学生学，又要有利于教师教。教材编得好不好，首先取决于作者对教学对象、课程内容和教学过程是否有深刻的体验和理解，以及能否采用适合学生认知模式的教材表现方式。

应用型本科作为一种本科层次的人才培养类型，目前使用的教材大致有两种情况：一是借用传统本科教材。实践证明，这种借用很不适宜。因为传统本科教材内容相对较多，理论阐述繁杂，教材既深且厚。更突出的是其忽视实践应用，很多内容理论与实践脱节。这对于没有实践经验，以培养动手能力、实践能力、应用能力为重要目标的应用型本科生来说，无异于"张冠李戴"，严重背离了教学目标，降低了教学质量。二是延用高职教材。高职与应用型本科的人才培养方式接近，但毕竟人才培养层次不同，它们在专业培养目标、课程设置、学时安排、教学方式等方面均存在很大差别。高职教材虽然也注重理论的实践应用，但"小才难以大用"，用低层次的高职教材支撑高层次的本科人才培养，实属"力不从心"，尽管它可能十分优秀。换句话说，应用型本科教材贵在"应用"二字。它既不能是传统本科教材加贴一个应用标签，也不能是高职教材的理论强化，其应有相对独立的知识体系和技术技能体系。

基于这种认识，我以为研编应用型本科教材应遵循三个原则：一是实用性原则。即教材内容应与社会实际需求相一致，理论适度、内容实用。通过教材，学生能够了解相关产业企业当前的主流生产技术、设备、工艺流程及科学管理状况，掌握企业生产经营活动中与本学科专业相关的基本知识和专业知识、基本技能和专业技能。以最大限度地缩短毕业生知识、能力与产业企业现实需要之间的差距。烟台南山学院研编的《应用型本科专业技能标准》就是根据企业对本科毕业生专业岗位的技能要求研究编制的基本文件，它为应用型本科有关专业进行课程体系设计和应用型教材建设提供了一个参考依据。二是动态性原则。当今社会科技发展迅猛，新产品、新设备、新技术、新工艺层出不穷。所谓动态性，就是要求应用型教材应与时俱进，反映时代要求，具有时代特征。在内容上应尽可能将那些经过实践检验成熟或比较成熟的技术、装备等人类发明创新成果编入教材，实现教材与生产的有效对接。这是克服传统教材严重滞后生产、理论与实践脱节、学不致用等教育教学弊端的重要举措，尽管某些基础知识、理念或技术工艺短期内并不发生突变。三是个性化原则。即教材应尽可能适应不同学生的个体需求，至少能够满足不同群体学生的学习需要。不同的学生或学生群体之间存在的学习差异，显著地表现在对不同知识理解和技能掌握并熟练运用的快慢及深浅程度上。根据个性化原则，可以考虑在教材内容及其结构编排上既有所有学生都要求掌握的基本理论、方法、技能等"普适性"内容，又有满足不同的学生或学生群体不同学习要求的"区别性"内容。本人以为，以上原则是研编应用型本科教材的特征使然，如果能够长期得到坚持，则有望逐渐形成区别于研究型人才培养的应用型教材体系特色。

三、应用型本科教材研编路径

1. 明确教材使用对象

任何教材都有自己特定的服务对象。应用型本科教材不可能满足各类不同高校的教学需求，其主要是为我国新建的包括民办高校在内的本科院校及应用技术型专业服务的。这是因为：近10多年来我国新建了600多所本科院校（其中民办本科院校420所，2014年）。这些本科院校大多以地方经济社会发展为其服务定位，以应用技术型人才为其培养模式定位。它们的学生毕业后大部分选择企业单位就业。基于社会分工及企业性质，这些单位对毕业生的实践应用、技能操作等能力的要求普遍较高，而不刻意苛求毕业生的理论研究能力。因此，作为人才培养的必备条件，高质量应用型本科教材已经成为新建本科院校及应用技术类专业培养合格人才的迫切需要。

2. 加强教材作者选择

突出理论联系实际，特别注重实践应用是应用型本科教材的基本质量特征。为确保教材质量，严格选择教材研编人员十分重要。其基本要求：一是作者应具有比较丰富的社会阅历和企业实际工作经历或实践经验。这是研编人员的阅历要求。不能指望一个不了解社会、没有或缺乏行业企业生产经营实践体验的人，能够写出紧密结合企业实际、实践应用性很强的篇章；二是主编和副主编应选择长期活跃于教学一线、对应用型人才培养模式有深入研究并能将其运用于教学实践的教授、副教授等专业技术人员担纲。这是研编团队的领导人要求。主编是教材研编团队的灵魂。选择主编应特别注意理论与实践结合能力的大小，以及"研究型"和"应用型"学者的区别；三是作者应有强烈的应用型人才培养模式改革的认可度，以及应用型教材编写的责任感和积极性。这是写作态度的要求。实践中一些选题很好却质量平庸甚至低下的教材，很多是由于写作态度不佳造成的；四是在满足以上三个条件的基础上，作者应有较高的学术水平和教材编写经验。这是学术水平的要求。显然，学术水平高、教材编写经验丰富的研编团队，不仅可以保障教材质量，而且对教材出版后的市场推广将产生有利的影响。

3. 强化教材内容设计

应用型教材服务于应用型人才培养模式的改革。应以改革精神和务实态度，认真研究课程要求、科学设计教材内容，合理编排教材结构。其要点包括：

（1）缩减理论篇幅，明晰知识结构。编写应用型教材应摒弃传统研究型人才培养思维模式下重理论、轻实践的做法，确实克服理论篇幅越来越多、教材越编越厚、应用越来越少的弊端。一是基本理论应坚持以必要、够用、适用为度。在满足本学科知识连贯性和专业课需要的前提下，精简推导过程，删除过时内容，缩减理论篇幅；二是知识体系及其应用结构应清晰明了、符合逻辑，立足于为学生提供"是什么"和"怎么做"；三是文字简洁，不拖泥带水，内容编排留有余地，为学生自我学习和实践教学留出必要的空间。

（2）坚持能力本位，突出技能应用。应用型教材是强调实践的教材，没有"实践"、不能让学生"动起来"的教材很难产生良好的教学效果。因此，教材既要关注并反映职业技术现状，以行业企业岗位或岗位群需要的技术和能力为逻辑体系，又要适应未来一定期间内技术推广和职业发展要求。在方式上应坚持能力本位、突出技能应用、突出就业导向；在内容上应关注不同产业的前沿技术、重要技术标准及其相关的学科专业知识，把技术技能标准、方法程序等实践应用作为重要内容纳入教材体系，贯穿于课程教学过程的始终，从而推动教材改革，在结构上形成区别于理论与实践分离的传统教材模式，培养学生从事与所学专业紧密相关的技术开发、管理、服务等必须的意识和能力。

（3）精心选编案例，推进案例教学。什么是案例？案例是真实典型且含有问题的事件。这个表述的涵义：第一，案例是事件。案例是对教学过程中一个实际情境的故事描述，讲述的是这个教学故事产生、发展的历程；第二，案例是含有问题的事件。事件只是案例的基本素材，但并非所有的事件都可以成为案例。能够成为教学案例的事件，必须包含有问题或疑难情境，并且可能包含有解决问题的方法。第三，案例是典型且真实的事件。案例必须具有典型意义、能给读者带来一定的启示和体会。案例是故事但又不完全是故事。其主要区别在于故事可以杜撰，而案例不能杜撰或抄袭。案例是教学事件的真实再现。

案例之所以成为应用型教材的重要组成部分，是因为基于案例的教学是向学生进行有针对性的说服、思考、教育的有效方法。研编应用型教材，作者应根据课程性质、课程内容和课程要求，精心选择并按一定书写格式或标准样式编写案例，特别要重视选择那些贴近学生生活、便于学生调研的案例。然后根据教学进程和学生理解能力，研究在哪些章节，以多大篇幅安排和使用案例。为案例教学更好地适应案例情景提供更多的方便。

最后需要说明的是，应用型本科作为一种新的人才培养类型，其出现时间不长，对它进行系统研究尚需时日。相应的教材建设是一项复杂的工程。事实上从教材申报到编写、试用、评价、修订，再到出版发行，至少需要3~5年甚至更长的时间。因此，时至今日完全意义上的应用型本科教材并不多。烟台南山学院在开展学术年活动期间，组织研编出版的这套应用型本科系列教材，既是本校近10年来推进实践育人教学成果的总结和展示，更是对应用型教材建设的一个积极尝试，其中肯定存在很多问题，我们期待在取得试用意见的基础上进一步改进和完善。

2016 年国庆前夕于龙口

前 言

数控制造技术是集机械制造技术、计算机技术、微电子技术、现代控制技术、网络信息技术、机电一体化技术于一身的多学科高新制造技术，数控技术水平的高低、数控机床的拥有量已经成为衡量一个国家工业现代化的重要标志。

随着制造业的快速发展，企业需要大批数控机床编程、操作的工程技术人员。为顺应制造业的发展需求，众多高等院校把培养数控技能型人才放在实训教学的首位，加强学生动手能力的培养，使学生成为企业生产服务一线的高素质劳动者。

本书以市场占有率高的 FANUC、SIEMENS 系统为载体，并结合数控机床的特点、多年的实训经验和职业技能鉴定而编写。本书突出了实践技能和编程技能的培养，突出了学生对所学知识的应用能力和综合能力的培养。书中内容包括工艺分析、编程知识、操作步骤及编程实例。案例中的程序均在实践教学中经过检验，读者可以放心使用。

本书可作为应用型本科学校和高职院校材料成型及控制工程、数控制造、模具设计、机电技术及机械设计专业的教材和参加国家职业技能鉴定高级工培训的辅导书。

本书的参考学时数为 90～120 学时。教师在组织实训教学时，可根据自己学校的教学计划和硬件设施酌情予以增减。

本书由烟台南山学院隋信举、盛光英和南山集团赵福辉主编，烟台南山学院史文杰、丁丽娟、陈松、魏茂源担任副主编，周天胜、周书杰、赵松林、苏美英参编。其中第一章、第二章由盛光英、史文杰、赵松林编写，第三章由隋信举、陈松、周天胜编写，第四章由赵福辉、丁丽娟、魏茂源编写，第五章、第六章由隋信举、周书杰、苏美英编写。全书由隋信举统稿和定稿。

本书编写过程中得到了原烟台南山学院机械工程实验中心诸多教师和南山集团机加工中心技术人员大力支持，在此表示感谢。由于编者水平有限，难免有疏漏和不妥之处，恳请读者批评指正。

为了方便读者阅读和学习本书章节内容，本书编写人员精心组织和开发了配套的文档、视频、动画、图片等形式的数字化学习资源，以章为单位制作了数字化学习资源的链接二维码，放在每章的开始处。读者使用手机等智能终端扫描二维码即可在线查看。

编 者
2016 年 8 月

目 录

第一篇 基础篇

第一章 数控机床概论 - 3 -
第一节 数控机床的工作原理和组成 - 3 -
第二节 数控机床的分类 - 5 -
第三节 数控机床的坐标系统 - 7 -
第四节 数控技术的发展趋势 - 11 -
实训自测题一 - 15 -

第二章 数控机床的加工工艺及刀具系统 - 16 -
第一节 数控编程方法 - 16 -
第二节 数控机床加工工艺设计 - 17 -
第三节 数控加工路线的确定 - 18 -
第四节 切削用量的选择 - 23 -
第五节 数控加工工艺文件 - 27 -
第六节 数控加工刀具系统 - 30 -
实训自测题二 - 35 -

第二篇 操作与编程篇

第三章 数控车床的操作与编程 - 39 -
第一节 FANUC0i 系统有关功能 - 41 -
第二节 FANUC0i 系统操作面板简介 - 44 -
第三节 FANUC0i 系统数控车床编程基本指令 - 48 -
第四节 FANUC0i 系统数控车床加工实例 - 75 -
第五节 SIEMENS—802D 系统数控车床功能简介 - 79 -
第六节 SIEMENS—802D 系统数控车床的操作 - 81 -

- 第七节　SIEMENS—802D 系统数控车床编程基本指令 ———————— - 85 -
- 第八节　SIEMENS—802D 系统数控车床加工实例 ———————————— - 93 -
- 实训自测题三 ———————————————————————————————— - 97 -

第四章　数控铣床（加工中心）的操作与编程 ——————————————— - 100 -
- 第一节　FANUC 0i Mate-MC 面板及各键功能 ————————————— - 102 -
- 第二节　FANUC 0i Mate-MC 基本操作 ———————————————— - 105 -
- 第三节　FANUC 0i Mate-MC 编程 —————————————————— - 117 -
- 第四节　SINMERIK 802D 数控铣床（加工中心）面板及各键功能 ———— - 144 -
- 第五节　SINMERIK 802D 系统数控铣床（加工中心）基本操作 ————— - 146 -
- 第六节　SIEMENS 系统数控铣床（加工中心）编程与操作 ——————— - 156 -
- 第七节　数控铣床（加工中心）加工实例 ———————————————— - 165 -
- 实训自测题四 ———————————————————————————————— - 172 -

第三篇　能力提升篇

第五章　数控机床的保养与维护 ———————————————————————— - 179 -
- 第一节　数控机床的维护与保养基础知识 ———————————————— - 179 -
- 第二节　数控机床的维护保养规范 ——————————————————— - 184 -
- 第三节　数控机床的故障分析与诊断 —————————————————— - 187 -
- 第四节　数控机床常见报警信息及系统故障排除实例 —————————— - 193 -
- 实训自测题五 ———————————————————————————————— - 201 -

第六章　数控职业技能鉴定 —————————————————————————— - 202 -
- 第一节　数控职业技能鉴定概述 ———————————————————— - 202 -
- 第二节　数控机床操作工国家职业标准 ————————————————— - 204 -
- 第三节　数控职业资格鉴定方式 ———————————————————— - 217 -
- 第四节　数控机床高级工鉴定样题 ——————————————————— - 218 -
- 实训自测题六 ———————————————————————————————— - 238 -

参考文献 ———————————————————————————————————— - 239 -

第一篇 基础篇

第一章 数控机床概论

1. 了解数控机床的工作原理、组成、分类。
2. 了解数控机床产生和发展趋势。
3. 掌握数控机床坐标系命名原则及坐标方向规定。

数控基地现场讲解和视频多媒体课件讲解。

理论 4 学时，现场教学 4 学时。

第一节 数控机床的工作原理和组成

一、数控机床的工作原理

1. 数控机床

采用数字化信号对机床的运动及加工过程进行控制的机床，称为数控机床。

2. 计算机数控（CNC）

采用存储程序的专用计算机来实现部分或全部基本数控功能，则称为计算机数控。

3．数控机床零件加工的步骤

（1）分析零件图，确定加工方案，用规定代码编程；

（2）输入数控装置；

（3）数控装置对程序进行译码、运算，向机床各伺服机构和辅助控制装置发信号—驱动—执行—加工零件。

二、数控机床的组成

数控机床主要由以下部分组成，图 1.1 为数控机床的系统组成，图 1.2 为数控机床的主要结构。

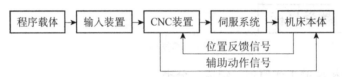

图 1.1　数控机床的系统组成

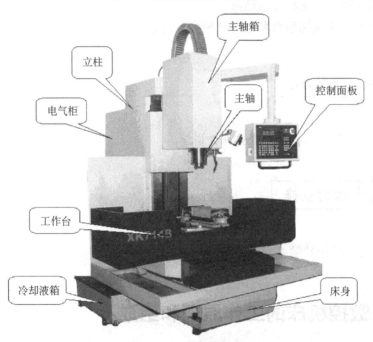

图 1.2　数控机床结构

1．程序载体

程序：包括加工零件所需的全部信息和刀具相对工件的位移信息。

载体：穿孔纸带、磁带、磁盘（软盘、硬盘、内存 RAM）。

2．输入装置

作用：将程序载体内有关加工的信息读入 CNC 装置。

穿孔纸带——光电阅读机。

磁带——录放机。
磁盘——驱动器和驱动卡。
MDI——手动输入装置。

3．CNC装置

作用：接收输入装置输入的加工信息，完成数值计算、逻辑判断、输入输出控制等功能。

4．伺服系统

作用：将数控装置发来的各种动作指令，转化成机床移动部件的运动，包括电动机、速度控制单元、测量反馈单元、位置控制单元。

5．位置反馈系统

作用：将其准确测得的角位移或直线位移数据迅速反馈给数控装置，以便与加工程序给定的指令值进行比较和处理。

6．机床本体

包括主运动系统、进给运动系统和辅助部分（液压、气动、冷却、润滑）。

第二节　数控机床的分类

一、按加工工艺方法分类

1．金属切削类数控机床

与传统的车、铣、钻、磨、齿轮加工相对应的数控机床有数控车床、数控铣床、数控钻床、数控磨床、数控齿轮加工机床等。尽管这些数控机床在加工工艺方法上存在很大差别，具体的控制方式也各不相同，但机床的动作和运动都是数字化控制的，具有较高的生产率和自动化程度。

在普通数控机床加装一个刀库和换刀装置就成为数控加工中心机床。加工中心机床进一步提高了普通数控机床的自动化程度和生产效率。例如铣、镗、钻加工中心，它是在数控铣床基础上增加了一个容量较大的刀库和自动换刀装置形成的，工件一次装夹后，可以对箱体零件的四面甚至五面大部分加工工序进行铣、镗、钻、扩、铰以及攻螺纹等多工序加工，特别适合箱体类零件的加工。加工中心机床可以有效地避免由于工件多次安装造成的定位误差，减少了机床的台数和占地面积，缩短了辅助时间，大大提高了生产效率和加工质量。

2．特种加工类数控机床

除了切削加工数控机床以外，数控技术也大量用于数控电火花线切割机床、数控电火花成型机床、数控等离子弧切割机床、数控火焰切割机床以及数控激光加工机床等。

3．板材加工类数控机床

常见的应用于金属板材加工的数控机床有数控压力机、数控剪板机和数控折弯机等。近年来，其他机械设备中也大量采用了数控技术，如数控多坐标测量机、自动绘图机及工业机器人等。

二、按控制运动轨迹分类

1. 点位控制数控机床

点位控制数控机床的特点是机床移动部件只能实现由一个位置到另一个位置的精确定位，在移动和定位过程中不进行任何加工。机床数控系统只控制行程终点的坐标值，不控制点与点之间的运动轨迹，因此几个坐标轴之间的运动无任何联系。可以几个坐标同时向目标点运动，也可以各个坐标单独依次运动。

这类数控机床主要有数控坐标镗床、数控钻床、数控冲床、数控点焊机等。点位控制数控机床的数控装置称为点位数控装置。

2. 直线控制数控机床

直线控制数控机床可控制刀具或工作台以适当的进给速度，沿着平行于坐标轴的方向进行直线移动和切削加工，进给速度根据切削条件可在一定范围内变化。

直线控制的简易数控车床，只有两个坐标轴，可加工阶梯轴。直线控制的数控铣床，有三个坐标轴，可用于平面的铣削加工。现代组合机床采用数控进给伺服系统，驱动动力头带有多轴箱的轴向进给进行钻镗加工，它也可算是一种直线控制数控机床。

数控镗铣床、加工中心等机床，它的各个坐标方向的进给运动的速度能在一定范围内进行调整，兼有点位和直线控制加工的功能，这类机床应该称为点位/直线控制的数控机床。

3. 轮廓控制数控机床

轮廓控制数控机床能够对两个或两个以上运动的位移及速度进行连续相关的控制，使合成的平面或空间的运动轨迹能满足零件轮廓的要求。它不仅能控制机床移动部件的起点与终点坐标，而且能控制整个加工轮廓每一点的速度和位移，将工件加工成要求的轮廓形状。

常用的数控车床、数控铣床、数控磨床就是典型的轮廓控制数控机床。数控火焰切割机、电火花加工机床以及数控绘图机等也采用了轮廓控制系统。轮廓控制系统的结构要比点位/直线控系统更为复杂，在加工过程中需要不断进行插补运算，然后进行相应的速度与位移控制。

现在计算机数控装置的控制功能均由软件实现，增加轮廓控制功能不会带来成本的增加。因此，除少数专用控制系统外，现代计算机数控装置都具有轮廓控制功能。

三、按驱动装置的特点分类

1. 开环控制数控机床

这类控制的数控机床是其控制系统没有位置检测元件，伺服驱动部件通常为反应式步进电动机或混合式伺服步进电动机。数控系统每发出一个进给指令，经驱动电路功率放大后，驱动步进电机旋转一个角度，再经过齿轮减速装置带动丝杠旋转，通过丝杠螺母机构转换为移动部件的直线位移。移动部件的移动速度与位移量是由输入脉冲的频率与脉冲数所决定的。此类数控机床的信息流是单向的，即进给脉冲发出去后，实际移动值不再反馈回来，所以称为开环控制数控机床。

开环控制系统的数控机床结构简单，成本较低。但是，系统对移动部件的实际位移量不进行监测，也不能进行误差校正。因此，步进电动机的失步、步距角误差、齿轮与丝杠等传动误差都将影响被加工零件的精度。开环控制系统仅适用于加工精度要求不很高的中小型数控机床，特别是简易经济型数控机床。

2．闭环控制数控机床

闭环控制数控机床是在机床移动部件上直接安装直线位移检测装置，直接对工作台的实际位移进行检测，将测量的实际位移值反馈到数控装置中，与输入的指令位移值进行比较，用差值对机床进行控制，使移动部件按照实际需要的位移量运动，最终实现移动部件的精确运动和定位。从理论上讲，闭环系统的运动精度主要取决于检测装置的检测精度，也与传动链的误差无关，因此其控制精度高。这类控制的数控机床，因把机床工作台纳入了控制环节，故称为闭环控制数控机床。

闭环控制数控机床的定位精度高，但调试和维修都较困难，系统复杂，成本高。

3．半闭环控制数控机床

半闭环控制数控机床是在伺服电动机的轴或数控机床的传动丝杠上装有角位移电流检测装置（如光电编码器等），通过检测丝杠的转角间接地检测移动部件的实际位移，然后反馈到数控装置中去，并对误差进行修正。通过测速元件和光电编码盘可间接检测出伺服电动机的转速，从而推算出工作台的实际位移量，将此值与指令值进行比较，用差值来实现控制。由于工作台没有包括在控制回路中，因而称为半闭环控制数控机床。

半闭环控制数控系统的调试比较方便，并且具有很好的稳定性。目前大多将角度检测装置和伺服电动机设计成一体，这样使结构更加紧凑。

4．混合控制数控机床

将以上三类数控机床的特点结合起来，就形成了混合控制数控机床。混合控制数控机床特别适用于大型或重型数控机床，因为大型或重型数控机床需要较高的进给速度与相当高的精度，其传动链惯量与力矩大，如果只采用全闭环控制，机床传动链和工作台全部置于控制闭环中，闭环调试比较复杂。混合控制系统又分为两种形式：

（1）开环补偿型。它的基本控制选用步进电动机的开环伺服机构，另外附加一个校正电路。用装在工作台的直线位移测量元件的反馈信号校正机械系统的误差。

（2）半闭环补偿型。它是用半闭环控制方式取得高精度控制，再用装在工作台上的直线位移测量元件实现全闭环修正，以获得高速度与高精度的统一。

第三节　数控机床的坐标系统

一、数控机床坐标系命名原则

数控机床的进给运动，有的由主轴带动刀具运动来实现，有的由工作台带着工件运动来实现。命名原则是假定工件不动,刀具相对于工件做进给运动,增大工件与刀具之间距离的方向是机床运动的正方向,以刀具的运动轨迹来编程。

二、数控机床坐标系

常见车床的坐标如图 1.3～图 1.6 所示。

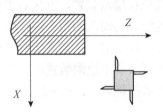

图 1.3　前置刀架车床坐标系

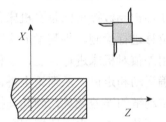

图 1.4　后置刀架车床坐标系

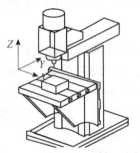

图 1.5　立式铣床坐标系

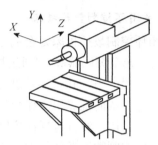

图 1.6　卧式铣床坐标系

三、坐标方向规定

为简化编程和保证程序的通用性,对数控机床的坐标轴和方向命名制定了统一的标准,规定直线进给坐标轴用 X,Y,Z 表示,常称基本坐标轴。X,Y,Z 坐标轴的相互关系用右手定则决定,如图 1.7 所示,图中大拇指的指向为 X 轴的正方向,食指指向为 Y 轴的正方向,中指指向为 Z 轴的正方向(站在机床前面,右手中指从主轴进给方向伸出)。

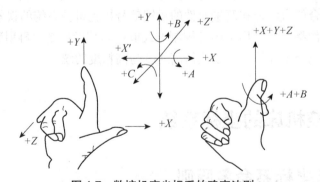

图 1.7　数控机床坐标系的确定法则

围绕 X,Y,Z 轴旋转的圆周进给坐标轴分别用 A,B,C 表示,根据右手螺旋定则,如

图 1.7 所示,以大姆指指向+X,+Y,+Z 方向,则食指、中指等的指向是圆周进给运动的+A,+B,+C 方向。机床坐标轴的方向取决于机床的类型和各组成部分的布局。

1)Z 轴坐标

Z 轴:平行于机床主轴的坐标轴。

正方向:为从工作台到刀具夹持的方向,即刀具远离工作台的运动方向。

2)X 轴坐标

(1)对工件旋转机床(车、磨)。

X 轴在工件径向上,平行于横滑座。X 轴正方向:为刀具离开工件旋转中心的方向。

(2)对刀具旋转机床(铣、钻)。

① 立式:X 轴为水平的、平行于工件装夹面的坐标轴。正方向:从主轴向立柱看,立柱右方为正。

② 卧式:X 轴为水平的、平行于工件装夹平面的坐标轴。正方向:从主轴向工件看,工件右方为正。

3)Y 轴坐标

Y 轴的正方向则根据 X 和 Z 轴按右手法则确定。

四、坐标原点

在 NC 机床上可以确定不同的原点和参考点位置,机床坐标系如图 1-8 所示,这些参考点的作用:

(1)用于机床定位;

(2)对工件尺寸进行编程。它们是:

① 机床原点(M)(Machine Origin 或 home position)是建立测量机床运动坐标的起始点。机床原点位置的确定:数控车床的原点一般设在主轴前端面的中心,数控铣床的原点位置设在机床工作台中心或者设在进给行程范围的终点。

② 机床参考点(R)(Reference point)用挡铁和行程开关设置的一个物理位置,与机床原点的相对位置是固定的,机床出厂之前由机床制造商精密测量确定,一般来说,加工中心的参考点为机床的自动换刀位置。

(3)工件坐标系与工件零点

● 工件坐标系的概念:工件坐标系是用于确定工件几何图形上各几何要素(点、直线、圆弧等)的位置而建立的坐标系。

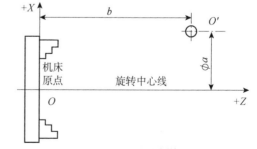

图 1.8 机床坐标系

● 工件坐标系位置的确定:工件坐标系的原点即是工件零点,选择工件零点的原则是便于将工件图的尺寸方便地转化为编程的坐标值和提高加工精度,故一般选在工件图样的尺寸基准上,能使工件方便地装卡、测量和检验的位置,尺寸精度和光洁度比较高的工件表面上,对称几何图形的对称中心上。

● 车削工件零点的确定:一般放在工件的右端面或左端面,且与主轴中心线重合的地方。

- 铣削工件零点的确定：一般设在工件外轮廓的某一角上，进刀深度方向的工件零点大多取在工件表面。
- 程序原点：即工件原点（Part Origin）。
- 工件坐标系：以工件原点为坐标原点建立起来的直角坐标系，由编程员在数控编程过程中定义在工件上。

在车床上，工件坐标系原点一般设定在：

① 把坐标系原点设在卡盘面上，如图1.9和图1.10所示。

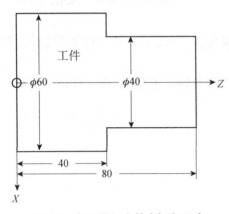 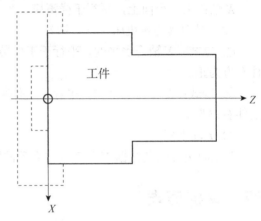

图1.9　加工图纸上的坐标和尺寸　　　　图1.10　车床上CNC指令的坐标

（坐标原点设在卡盘端面上）　　　　（同图1.9所示加工图纸上的坐标系）

② 把坐标系原点设在零件端面上，如图1.11和图1.12所示。

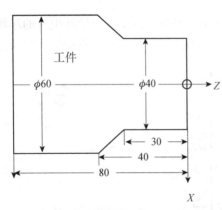 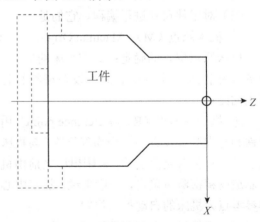

图1.11　加工图纸上的坐标和尺寸　　　　图1.12　车床上CNC指令的坐标

（坐标原点设在零件端面上）　　　　（同图1.11所示加工图纸上的坐标系）

五、绝对坐标和相对坐标

1．绝对坐标表示法

将刀具运动位置的坐标值表示为相对于坐标原点的距离，这种坐标的表示法称之为绝对坐标表示法，如图 1.13 所示。大多数的数控系统都以 G90 指令表示使用绝对坐标编程。

2．相对坐标表示法

将刀具运动位置的坐标值表示为相对于前一位置坐标的增量，即为目标点绝对坐标值与当前点绝对坐标值的差值，这种坐标的表示法称之为相对坐标表示法，如图 1.14 所示。大多数的数控系统都以 G91 指令表示使用相对坐标编程，有的数控系统用 X、Y、Z 表示绝对坐标代码，用 U、V、W 表示相对坐标代码。在一个加工程序中可以混合使用这两种坐标表示法编程。

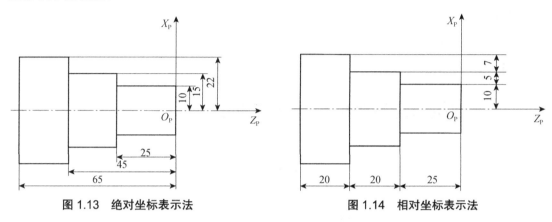

图 1.13　绝对坐标表示法　　　　　　图 1.14　相对坐标表示法

第四节　数控技术的发展趋势

一、数控技术发展方向

随着计算机、微电子、信息、自动控制、精密检测及机械制造等技术的高速发展，机床数控技术也得到长足进步。世界上，数控技术及其设备的发展方向主要体现在以下几个方面。

1．数控装置

高速化，标准化、模块化、通用化、网络化、宜人化、高可靠性、开放化。

2．进给伺服驱动系统

① 永磁同步交流伺服电机逐渐取代直流伺服电机。
② 位置、速度、电流控制数字化。
③ 采用高速和高分辨率的位置检测装置。
④ 通过伺服系统进行各种误差补偿。

3．程序编制

① 由语言编程发展到图形、实物、语音编程。
② 由脱机编程到在线编程。
③ 由处理几何信息到处理工艺信息。

4．数控机床的工况检测、监控和故障诊断
① 工件尺寸超差检测。
② 刀具工况监控。
③ 故障开机诊断、运行诊断、通信诊断、专家诊断。

5．采用功能很强的可编程控制器
① 抗干扰能力更强，可靠性极高。
② 编程、使用、维修更加方便。
③ 更易实现机电一体化。

6．机床的主轴
主轴部件高速化、电气化。

二、以数控机床为基础的先进制造系统

数控机床的产生和发展，有力地推动了机械制造自动化技术水平的发展和提高。以数控机床为基础，不断产生出以自动化为特征的先进制造系统，至今乃至将来，都是制造自动化发展的方向。

1．直接数字控制（DNC）系统
用一台通用计算机直接控制和管理一群数控机床进行加工和装配的系统。机床的 CNC 系统与 DNC 的中央计算机组成计算机网络，实现分级控制管理。

2．间接控制型系统
由已有的数控机床，配上集中管理和控制的中央计算机，并在中央计算机和数控装置之间加上通信接口所组成。

中央计算机负责自动编制数控加工程序，并对加工程序进行编辑和修改。中央计算机配有大容量的外存贮器，存放每台机床的零件加工计划和数控加工程序。适时将加工程序调入内存，顺次扫瞄查询每台数控机床的请求信号，并根据加工计划，以中断方式向发出请求的某台数控机床的通信接口传送加工程序。

间接型 DNC 系统，各机床的数控功能仍由数控装置实现，中央计算机起原纸带阅读机的作用。

间接型 DNC 系统容易建立，当中央计算机有故障时，各数控机床可独立工作。

3．直接控制型系统
组成直接型 DNC 系统的数控机床不在配备普通的数控装置，其插补运算等数控功能全部或部分由中央计算机完成。各台数控机床只配一个简单的的机床控制器，用于数据传递、驱动控制和手动操作。

插补运算控制方法有三种：
① 中央计算机完成各台机床的插补运算，由接口分时经 MCU 向各机床传送进给指令。
② 由接口电路完成各机床的插补运算，进给指令经 MCU 送至各机床。

③ 由中央计算机完成粗插补，接口电路或 MCU 完成精插补。

4．柔性制造单元（FMC）

一台数控机床，配置自动输送或上下料装置、自动检测和工况自动监控装置，就组成一个柔性制造单元。柔性制造单元可实现长时间连续的多品种小批量自动加工。

5．柔性制造系统（FMS）

（1）FMS 的特征

① 具有多台制造设备。一般认为有 5 台以上数控设备或自动化设备。

② 系统由物料运输系统将所有设备连接起来，可进行没有固定加工顺序和无节拍的随机制造。

③ 由计算机进行高度自动的分级控制和管理，对一定范围内的多品种、中小批量的零部件进行制造。

（2）FMS 组成

FMS 由加工、物流、信息流三个子系统组成，每个子系统可以有分系统。

① 加工系统：可以由 FMC 组成，大多由数控机床按 DNC 的控制方式组成。可自动更换刀具和工件并自动加工。由互补和互配两种配置原则，也可混合配置。

- 互补：配置完成不同工序的机床，互相补充而不能互相代替，一个工件依次通过这些机床进行加工。
- 互替：配置有相同的机床，一台机床有故障，则空闲的一台可以代替加工。

② 物流系统：包括工件和刀具两个物流系统，在机床和装夹工位之间输送零件和刀具。刀具物流系统包括中央刀库、工业机器人。由机器人在中央刀库和各机床刀库之间输送和交换刀具。

③ 信息流系统：加工系统和物流系统的自动控制，在线状态监控及信号处理，在线检测及处理。

6．计算机集成制造系统（CIMS）

（1）自动化子系统

在制造方面有：CNC、FMC、DNC、FMS 等加工设备，PLC、AGV、RC 等控制设备。

在工程设计方面有：CAD/CAPP/CAM、ATP、GT、CTD 设计系统。

在经营管理方面有：MRP、MRPII、MIS 等管理系统。

（2）CIMS 的形成

1974 年美国约瑟夫·哈林顿首先提出了计算机集成制造系统的概念。CIMS 的两个基本观点是：第一，企业的生产经营是一个整体，要用系统工程的观点来统一考虑和解决产品从市场分析、经营管理和售后服务，产品工程设计和加工制造的全过程的问题；第二，整个生产过程实际上是一个数据采集、传递和加工处理的过程，最终形成的产品，可以看成是信息和数据的物质体现。

根据上述观点，将上述的各自动化子系统集成在一起，构成计算机集成制造系统。CIMS 不仅是生产设备的集成，更主要是以信息为特征的技术集成和功能集成。计算机是集成的工具。计算机辅助的自动化单元技术是集成的基础。信息、数据的交换和共享是集成的桥梁。

（3）CIMS 结构的一种方案

按 CIMS 的概念，系统是一个五层（工厂层、区间层、单元层、工作站层、设备层）递阶控制结构。

由于需要集成在一起的多种单元自动化技术多为异构的硬件和软件，在集成为一个系统时，必须解决一些关键技术问题——集成技术问题，即产品信息（数据）模型技术、网络技术、分布式数据管理技术等问题。

三、机床的自适应控制（Adaptive Control）

切削加工中，表示切削条件、切削过程、切削状态和切削效果的参数如下。

切削条件（因数和参数）：毛坯、材料、刀具等。

切削（输入）参数：进给速度、切削速度、切削裕量。

切削状态参数：切削力、扭矩、功率、主轴变位、振动、热变形。

切削效果：生产率、生产成本、加工质量。

通常加工，是根据切削条件，选择切削参数，使切削过程在一定的切削状态下进行，从而达到一定的切削效果。对应于切削条件，选择的切削参数越合理，切削状态就越佳，得到的切削效果就越好。由于切削过程是个动态过程，切削条件是变化的，如毛坯的裕量不匀、材料的硬度不一、刀具在磨损、刀刃积屑瘤等，这将引起切削状态改变，因此，须要调整切削参数才能保持切削过程在最佳状态。

如何根据切削条件的变化来及时调整（修正）切削参数，使切削过程保持在最佳状态？为了解决这一问题，在 20 世纪六十年代产生了自适应控制这一控制技术。自适应控制以切削过程为调解控制对象，在切削过程中，实时检测某些状态参数，然后，根据预定的评价指标（函数）或约束条件，及时自动修正切削参数，使切削过程达到最佳状态，获得最优的切削效益。

评价指标：最大生产率、最低加工成本、最好加工质量。

约束条件：恒切削力、恒切削速度、恒切削功率。图 1.15 给出了机床自适应控制的原理图。它是在数控机床上增加适应控制反馈回路而构成的，适应反馈回路检测状态参数，在适应控制单元与给定评价指标（函数）或约束条件比较，输出校正信号，反馈给数控装置。数控装置则自动修正输入的切削参数（进给速度），使切削过程向预定的指标和条件转变，达到最佳状态。

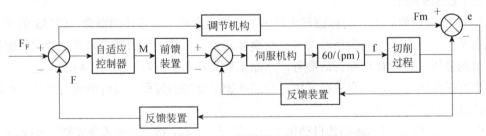

图 1.15　机床自适应控制的原理图

实训自测题一

1. 数控机床由哪几部分组成？各有何功能？
2. 简述数控机床的分类形式。
3. 简述数控机床坐标系命名原则及坐标轴方向确定方法。
4. 坐标系远点如何选取？绝对坐标表示法和相对坐标表示法有何区别？
5. 简述数控机床发展趋势及方向。

第二章 数控机床的加工工艺及刀具系统

1. 了解数控编程方法、编程工艺制定原则及方法。
2. 熟悉数控车削和数控铣削的主要加工对象,并能对具体零件进行工艺分析。
3. 掌握数控车削和数控铣削进给路线的确定方法、刀具选择方法以及切削用量的选择方法。
4. 了解数控编程基础知识。

视频多媒体课件讲解和数控实训基地现场讲解。

理论课时 4 学时,现场教学 4 课时。

第一节 数控编程方法

数控编程的方法主要包括手工编程和自动编程。

1. 手工编程

① 手工编程的概念:是指编制零件数控加工程序的各个步骤,即从零件图纸分析、工

艺决策、确定加工路线和工艺参数、计算刀位轨迹坐标数据、编写零件的数控加工程序单直至程序的检验，均由人工来完成。

② 手工编程的应用范围：对于点位加工或几何形状不太复杂的平面零件，数控编程计算较简单，程序段不多，手工编程即可实现。

2．自动编程

（1）自动编程方法的类型

① 以自动编程语言为基础的自动编程方法。

② 以计算机辅助设计为基础的图形交互式自动编程方法。

（2）语言为基础的自动编程编程方法

编程人员是依据所用数控语言的编程手册以及零件图样，以语言的形式表达出加工的全部内容，然后再把这些内容全部输入到计算机中进行处理，制作出可以直接用于数控机床的加工程序。

（3）图形交互式自动编程方法

对零件图样进行工艺分析，确定构图方案，利用计算机辅助设计或自动编程软件本身的零件造型功能，构建出零件几何形状，其后还需利用软件的计算机辅助制造功能，完成工艺方案的指定、切削用量的选择、刀具及其参数的设定，自动计算并生成刀位轨迹文件，利用后置处理功能生成特定数控系统用加工程序。

第二节　数控机床加工工艺设计

编程员首先应该是一个很好的工艺员，并对数控机床的性能、特点和应用、切削规范和标准刀具系统等要非常熟悉。否则，就无法做到全面、周到地考虑零件加工的全过程，无法正确、合理地确定零件加工程序。

一、加工工件的选择

数控车床：形状比较复杂的轴类零件和由复杂曲线回转形成的模具内型腔。

数控立式镗铣床和立式加工中心：箱体、箱盖、平面凸轮、样板、形状复杂的平面或立体零件，以及模具的内、外型腔等。

数控卧式镗铣床和卧式加工中心：复杂的箱体类零件、泵体、阀体、壳体等。

多坐标联动的卧式加工中心：各种复杂的曲线、曲面、叶轮、模具等。

二、加工工序的划分

数控机床加工零件的特点：一次装卡中就能完成全部工序。

工序的划分的作用：发挥数控机床的特点，保持数控机床的精度，延长数控机床的使用寿命，降低数控机床的使用成本。

在数控机床上加工零件的工序划分方法有以下几种。

① 刀具集中分序法　该法是按所用刀具划分工序,减少换刀次数,压缩空行程时间,减少不必要的定位误差。

② 粗、精加工分序法　对单个零件要先粗加工、半精加工,而后精加工。对于一批零件,先全部进行粗加工、半精加工,最后再进行精加工。

③ 按加工部位分序法　一般先加工平面、定位面,后加工孔;先加工简单的几何形状,再加工复杂的几何形状;先加工精度较低的部位,再加工精度要求较高的部位。

三、工件的装卡及定位

1. 工件的装卡

在数控机床上加工零件,往往是在一次装卡中完成全部工序。

2. 零件的定位、夹紧方式

要充分注意下面的问题:

① 尽量采用组合夹具。当工件批量较大、工件精度要求较高时,可以设计专用夹具。

② 零件定位、夹紧的部位应考虑到不妨碍各部位的加工、更换刀具以及重要部位的测量,尤其要注意不发生刀具与工件、刀具与夹具碰撞的现象。

③ 夹紧力、应力要求通过(或靠近)主要支撑点或在支撑点所组成的三角形内。应力要求靠近切削部位,并在刚性较好的地方,尽量不要在被加工孔径的上方,以减少零件变形。

④ 零件的装卡、定位要考虑到重复安装的一致性,以减少对刀时间,提高同一批零件加工的一致性。一般同一批零件采用同一定位基准,同一装卡方式,尽可能做到设计基准、工艺基准与编程计算基准的统一。

四、对刀点的选择原则

对刀点的选择原则如下:

① 所选的对刀点应使程序编制简单;

② 对刀点应选择在容易找正、便于确定零件加工原点的位置;

③ 对刀点应选在加工时检验方便、可靠的位置;

④ 对刀点的选择应有利于提高加工精度。

第三节　数控加工路线的确定

加工路线是指数控机床加工过程中刀具运动的轨迹和方向。每道工序加工路线的确定是非常重要的,因为它影响零件的加工精度和表面粗糙度。

一、确定加工路线时应考虑的原则

具体原则如下。

① 应尽量减少进、退刀时间和其他辅助时间。

② 在铣削加工零件轮廓时,要尽量采用顺铣加工方式,这样可以减小机床的颤振,提高零件表面粗糙度和加工精度。

③ 选择合理的进、退刀位置,尽量避免沿零件轮廓法向切入和进给中途停顿。进、退刀位置应选在不重要的位置。

④ 加工路线一般是先加工外轮廓,再加工内轮廓。

二、具体编程加工路线的选择

1. 寻求最短加工路线

寻求最短加工路线的示例如图 2.1 所示。

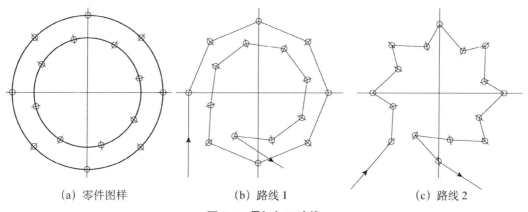

(a) 零件图样　　　　　　(b) 路线 1　　　　　　(c) 路线 2

图 2.1　最短加工路线

2. 最终轮廓一次走刀完成

为保证工件轮廓表面加工后的粗糙度要求,最终轮廓应安排在最后一次走刀中连续加工出来。铣削内腔的三种走刀路线如图 2.2 所示。

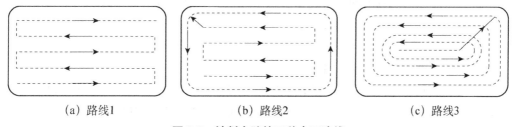

(a) 路线1　　　　　　(b) 路线2　　　　　　(c) 路线3

图 2.2　铣削内腔的三种走刀路线

3. 选择切入切出方向

考虑刀具的进、退刀(切入、切出)路线时,刀具的切出或切入点应在沿零件轮廓的切线上,以保证工件轮廓光滑;应避免在工件轮廓面上垂直上、下刀而划伤工件表面;尽量减少在轮廓加工切削过程中的暂停（切削力突然变化造成弹性变形），以免留下刀痕。刀具切入和切出时的外延如图2.3所示。

4．选择使工件在加工后变形小的路线

对横截面积小的细长零件或薄板零件应采用分几次走刀加工到最后尺寸或对称去除余量法安排走刀路线。安排工步时，应先安排对工件刚性破坏较小的工步。

（1）铣削平面类零件的进给路线

铣削平面类零件外轮廓时，一般采用立铣刀侧刃进行切削。为减少接刀痕迹，保证零件表面质量，对刀具的切入和切出程序需要精心设计。

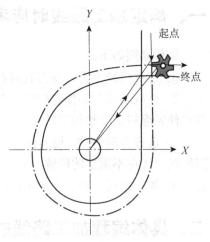

图2.3　刀具切入和切出时的外延1

铣削外表面轮廓时，如图 2.4 所示，铣刀的切入和切出点应沿零件轮廓曲线的延长线上切入和切出零件表面，而不应沿法向直接切入零件，以避免加工表面产生划痕，保证零件轮廓光滑。

铣削封闭的内轮廓表面时，若内轮廓曲线允许外延，则应沿切线方向切入切出。若内轮廓曲线不允许外延（见图 2.5），则刀具只能沿内轮廓曲线的法向切入、切出，并将其切入、切出点选在零件轮廓两几何元素的交点处。当内部几何元素相切无交点时，为防止刀补取消时在轮廓拐角处留下凹口，刀具切入、切出点应远离拐角。

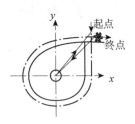

图2.4　刀具切入和切出时的外延2

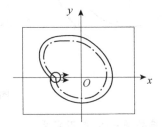

图2.5　内轮廓加工刀具的切入和切出

图 2.6 所示为圆弧插补方式铣削外整圆时的走刀路线。当整圆加工完毕时，不要在切点处 Z 退刀，而应让刀具沿切线方向多运动一段距离，以免取消刀补时，刀具与工件表面相碰，造成工件报废。铣削内圆弧时也要遵循从切向切入的原则，最好安排从圆弧过渡到圆弧的加工路线（见图2.7），这样可以提高内孔表面的加工精度和加工质量。

（2）铣削曲面类零件的加工路线

在机械加工中，常会遇到各种曲面类零件，如模具、叶片螺旋桨等。由于这类零件型面复杂，需用多坐标联动加工，因此多采用数控铣床、数控加工中心进行加工。

① 直纹面加工。

对于边界敞开的直纹曲面，加工时常采用球头刀进行"行切法"加工，即刀具与零件轮廓的切点轨迹是一行一行的，行间距按零件加工精度要求而确定。如图 2.8 所示的发动机大叶片，可采用两种加工路线。采用图 2.8（a）所示的加工方案时，每次沿直线加工，刀位点计算简单，程序少，加工过程符合直纹面的形成，可以准确保证母线的直线度。当采用图 2.8（b）所示的加工方案时，符合这类零件数据给出情况，便于加工后检验，叶形的准确度高，但程序较多。由于曲面零件的边界是敞开的，没有其他表面限制，所以曲面边界可以延伸，球头刀应由边界外开始加工。

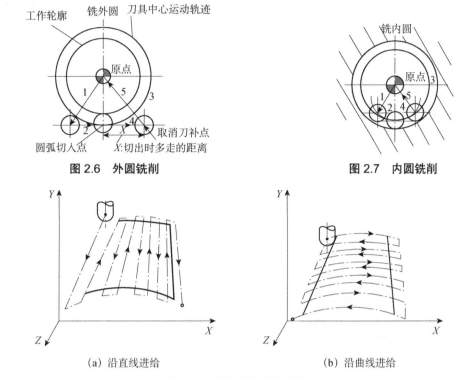

图 2.6　外圆铣削　　　　　　　　图 2.7　内圆铣削

（a）沿直线进给　　　　　　　（b）沿曲线进给

图 2.8　直纹面的进给路线

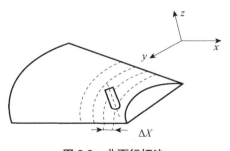

图 2.9　曲面行切法

② 曲面轮廓加工。

立体曲面加工应根据曲面形状、刀具形状以及精度要求采用不同的铣削方法。

两坐标联动的三坐标行切法加工 X、Y、Z 三轴中任意二轴做联动插补，第三轴做单独的周期进刀，称为二轴半坐标联动。如图 2.9 所示，将 X 向分成若干段，圆头铣刀沿 YZ 面所截的曲线进行铣削，每一段加工完成进给 ΔX，再加工另一相邻曲线，如此依次切削即可加工整个曲面。在行切法中，要根据轮廓表面粗糙度的要求及刀头不干涉相邻表面的原则选取 ΔX。行切法加工中通常采用球头铣刀。球头铣刀的刀头半径应选得大些，有利于散热，但刀头半径不应大于曲面的最小曲率半径。

用球头铣刀加工曲面时，总是用刀心轨迹的数据进行编程。图 2.10 为二轴半坐标加工的刀心轨迹与切削点轨迹示意图。$ABCD$ 为被加工曲面，Pyz 平面为平行于 YZ 坐标面的一个行切面，其刀心轨迹 O_1O_2 为曲面 $ABCD$ 的等距面 $IJKL$ 与平面 Pyz 的交线，显然 O_1O_2 是一条平面曲线。在此情况下，曲面的曲率变化会导致球头刀与曲面切削点的位置改变，

因此切削点的连线 ab 是一条空间曲线，从而在曲面上形成扭曲的残留沟纹。

由于二轴半坐标加工的刀心轨迹为平面曲线，故编程计算比较简单，数控逻辑装置也不复杂，常在曲率变化不大及精度要求不高的粗加工中使用。

三坐标联动加工 X、Y、Z 三轴可同时插补联动。用三坐标联动加工曲面时，通常也用行切方法。如图 2.11 所示，Pyz 平面为平行于 yz 坐标面的一个行切面，它与曲面的交线为 ab，若要求 ab 为一条平面曲线，则应使球头刀与曲面的切削点总是处于平面曲线 ab 上（即沿 ab 切削），以获得规则的残留沟纹。显然，这时的刀心轨迹 O_1O_2 不在 Pyz 平面上，而是一条空间曲面（实际是空间折线），因此需要 X、Y、Z 三轴联动。

三轴联动加工常用于复杂空间曲面的精确加工（如精密锻模），但编程计算较为复杂，所用机床的数控装置还必须具备三轴联动功能。

四坐标加工如图 2.12 所示工件，侧面为直纹扭曲面。若在三坐标联动的机床上用圆头铣刀按行切法加工时，不但生产效率低，而且表面粗糙度大。为此，采用圆柱铣刀周边切削，并用四坐标铣床加工。即除三个直角坐标运动外，为保证刀具与工件型面在全长始终贴合，刀具还应绕 O_1（或 O_2）做摆角运动。由于摆角运动导致直角坐标（图 2.12 中 Y 轴）须做附加运动，所以其编程计算较为复杂。

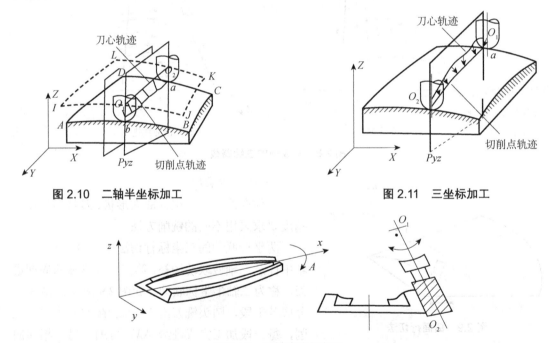

图 2.10　二轴半坐标加工　　　　图 2.11　三坐标加工

图 2.12　四轴半坐标加工

五坐标加工螺旋桨是五坐标加工的典型零件之一，其叶片的形状和加工原理如图 2.13 所示。在半径为 R_1 的圆柱面上与叶面的交线 AB 为螺旋线的一部分，螺旋升角为 Ψ_1，叶片的径向叶型线（轴向割线）EF 的倾角 α 为后倾角。螺旋线 AB 用极坐标加工方法，并且以折线段逼近。逼近段 mn 是由 C 坐标旋转 $\Delta\theta$ 与 Z 坐标位移 ΔZ 的合成。当 AB 加工完成后，刀具径向位移 ΔX（改变 R_1），再加工相邻的另一条叶型线，依次加工即可形成整个叶面。由于叶面的曲率半径较大，所以常采用面铣刀加工，以提高生产率并简化程序。因此为保证铣刀端面始终与曲面贴合，铣刀还应做由坐标 A 和坐标 B 形成的 θ_1 和 α_1 的摆角运动。在摆角的同时，还应作直角坐标的附加运动，以保证铣刀端面始终位于编程值所规定的位置上，即在切削成形点，铣刀端平面与被切曲面相切，铣刀轴心线与曲面该点的法线一致，所以需要五坐标加工。这种加工的编程计算相当复杂，一般采用自动编程。

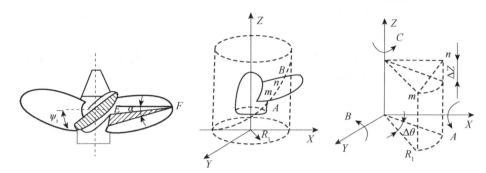

图 2.13　螺旋桨是五坐标加工

第四节　切削用量的选择

合理选择切削用量的原则是，粗加工时，一般以提高生产率为主，但也应考虑经济性和加工成本；半精加工和精加工时，应在保证加工质量的前提下，兼顾切削效率、经济性和加工成本。具体数值应根据机床说明书、切削用量手册，并结合经验而定。

一、铣床切削用量选择

1．影响切削用量的因素

① 机床　切削用量的选择必须在机床主传动功率、进给传动功率以及主轴转速范围、进给速度范围之内。机床—刀具—工件系统的刚性是限制切削用量的重要因素。切削用量的选择应使机床—刀具—工件系统不发生较大的"振颤"。如果机床的热稳定性好，热变形小，可适当加大切削用量。

② 刀具　刀具材料是影响切削用量的重要因素。表 2.1 给出了常用刀具材料的性能比较。数控机床所用的刀具多采用可转位刀片（机夹刀片）并具有一定的寿命。机夹刀片的材料和形状尺寸必须与程序中的切削速度和进给量相适应并存入刀具参数中去。标准刀片的参数请参阅有关手册及产品样本。

表 2.1　常用刀具材料的性能比较

刀具材料	切削速度	耐磨性	硬度	硬度随温度变化
高速钢	最低	最差	最低	最大
硬质合金	低	差	低	大
陶瓷刀片	中	中	中	中
金刚石	高	好	高	小

③ 工件 不同的工件材料要采用与之适应的刀具材料、刀片类型,要注意到可切削性。可切削性良好的标志是,在高速切削下有效地形成切屑,同时具有较小的刀具磨损和较好的表面加工质量。较高的切削速度、较小的背吃刀量和进给量,可以获得较好的表面粗糙度。合理的恒切削速度、较小的背吃刀量和进给量可以得到较高的加工精度。

④ 冷却液 冷却液同时具有冷却和润滑作用。带走切削过程产生的切削热,降低工件、刀具、夹具和机床的温升,减少刀具与工件的摩擦和磨损,提高刀具寿命和工件表面加工质量。使用冷却液后,通常可以提高切削用量。冷却液必须定期更换,以防因其老化而腐蚀机床导轨或其他零件,特别是水溶性冷却液。

2. 铣削加工的切削用量

铣削加工的切削用量包括:切削速度、进给速度、背吃刀量和侧吃刀量。从刀具耐用度出发,切削用量的选择方法是:先选择背吃刀量或侧吃刀量,其次选择进给速度,最后确定切削速度。

(1) 背吃刀量 a_p 或侧吃刀量 a_e

背吃刀量 a_p 为平行于铣刀轴线测量的切削层尺寸,单位为 mm。端铣时,a_p 为切削层深度;而圆周铣削时,为被加工表面的宽度。侧吃刀量 a_e 为垂直于铣刀轴线测量的切削层尺寸,单位为 mm。端铣时,a_e 为被加工表面宽度;而圆周铣削时,a_e 为切削层深度,如图 2.14 所示。

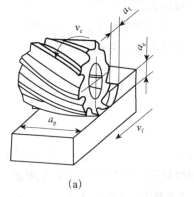
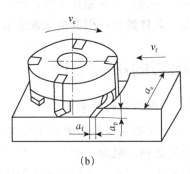

(a)　　　　　　　　　　　　　(b)

图 2.14 铣削加工的切削用量

(2) 背吃刀量或侧吃刀量的选取主要由加工余量和对表面质量的要求决定

① 当工件表面粗糙度值要求为 $Ra=12.5\sim25\mu m$ 时,如果圆周铣削加工余量小于 5mm,端面铣削加工余量小于 6mm,粗铣一次进给就可以达到要求。但是在余量较大,工艺系统刚性较差或机床动力不足时,可分为两次进给完成。

② 当工件表面粗糙度值要求为 $Ra=3.2\sim12.5\mu m$ 时,应分为粗铣和半精铣两步进行。粗铣时背吃刀量或侧吃刀量选取同前,粗铣后留 0.5~1.0mm 余量,在半精铣时切除。

③ 当工件表面粗糙度值要求为 $Ra=0.8\sim3.2\mu m$ 时,应分为粗铣、半精铣、精铣三步进行。半精铣时背吃刀量或侧吃刀量取 1.5~2mm;精铣时,圆周铣侧吃刀量取 0.3~0.5mm,面铣刀背吃刀量取 0.5~1mm。

3．进给量 f 与进给速度 v_f 的选择

铣削加工的进给量 f（mm/r）是指刀具转一周，工件与刀具沿进给运动方向的相对位移量；进给速度 v_f（mm/min）是单位时间内工件与铣刀沿进给方向的相对位移量。进给速度与进给量的关系为 $v_f=nf$（n 为铣刀转速，单位 r/min）。进给量与进给速度是数控铣床加工切削用量中的重要参数，根据零件的表面粗糙度、加工精度要求、刀具及工件材料等因素，参考切削用量手册选取或通过选取每齿进给量 f_z，再根据公式 $f=zf_z$（z 为铣刀齿数）计算。每齿进给量 f_z 的选取主要依据工件材料的力学性能、刀具材料、工件表面粗糙度等因素。工件材料强度和硬度越高，f_z 越小；反之则越大。硬质合金铣刀的每齿进给量高于同类高速钢铣刀。工件表面粗糙度要求越高，f_z 就越小。每齿进给量的确定可参考表 2.2 选取。工件刚性差或刀具强度低时，应取较小值。

表 2.2　铣刀每齿进给量参考值

工件材料	f_z/mm			
	粗铣		精铣	
	高速钢铣刀	硬质合金铣刀	高速钢铣刀	硬质合金铣刀
钢	0.10～0.15	0.10～0.25	0.02～0.05	0.10～0.15
铸铁	0.12～0.20	0.15～0.30		

4．切削速度 v_c

铣削的切削速度 v_c 与刀具的耐用度、每齿进给量、背吃刀量、侧吃刀量以及铣刀齿数成反比，而与铣刀直径成正比。其原因是当 f_z、a_p、a_e 和 z 增大时，刀刃负荷增加，而且同时工作的齿数也增多，使切削热增加，刀具磨损加快，从而限制了切削速度的提高。为提高刀具耐用度允许使用较低的切削速度。但是加大铣刀直径则可改善散热条件，可以提高切削速度。

铣削加工的切削速度 v_c 可参考表 2.3 选取，也可参考有关切削用量手册中的经验公式通过计算选取。

表 2.3　铣削加工的切削速度参考值

工件材料	硬度（HBS）	v_c/(m·min^{-1})	
		高速钢铣刀	硬质合金铣刀
钢	<225	18～42	66～150
	225～325	12～36	54～120
	325～425	6～21	36～75
铸铁	<190	21～36	66～150
	190～260	9～18	45～90
	260～320	4.5～10	21～30

二、车床车削用量（a_p、f、v）选择

粗车时，首先考虑选择一个尽可能大的背吃刀量 a_p，其次选择一个较大的进给量 f，最

后确定一个合适的切削速度 v。增大背吃刀量 a_p 可使走刀次数减少，增大进给量 f 有利于断屑，因此根据以上原则选择粗车切削用量对于提高生产效率、减少刀具消耗、降低加工成本是有利的。

精车时，加工精度和表面粗糙度要求较高，加工余量不大且较均匀，因此选择精车切削用量时，应着重考虑如何保证加工质量，并在此基础上尽量提高生产率。因此精车时应选用较小（但不太小）的背吃刀量 a_p 和进给量 f，并选用切削性能高的刀具材料和合理的几何参数，以尽可能提高切削速度 v。

1．背吃刀量 a_p 的确定

在工艺系统刚度和机床功率允许的情况下，尽可能选取较大的背吃刀量，以减少进给次数。当零件精度要求较高时，则应考虑留出精车余量，其所留的精车余量一般比普通车削时所留余量小，常取 0.1～0.5mm。

2．进给量 f（有些数控机床用进给速度 v_f）

进给量 f 的选取应该与背吃刀量和主轴转速相适应。在保证工件加工质量的前提下，可以选择较高的进给速度（2000mm/min 以下）。在切断、车削深孔或精车时，应选择较低的进给速度。当刀具空行程特别是远距离"回零"时，可以设定尽量高的进给速度。

粗车时，一般取 f=0.3～0.8mm/r，精车时常取 f=0.1～0.3mm/r，切断时 f=0.05～0.2mm/r。

3．主轴转速的确定

（1）光车外圆时主轴转速

光车外圆时主轴转速应根据零件上被加工部位的直径，并按零件和刀具材料以及加工性质等条件所允许的切削速度来确定。

切削速度除了计算和查表选取外，还可以根据实践经验确定。需要注意的是，交流变频调速的数控车床低速输出力矩小，因而切削速度不能太低。

切削速度确定后，用公式 $n=1000v_c/\pi d$ 计算主轴转速 n（r/min）。表 2.4 为硬质合金外圆车刀切削速度的参考值。

如何确定加工时的切削速度，除了可参考表 2.4 列出的数值外，主要根据实践经验进行确定。

表2.4 硬质合金外圆车刀切削速度的参考值

工件材料	热处理状态	a_p/mm		
		(0.3, 2]	(2, 6]	(6, 10]
		f/(mm·r^{-1})		
		(0.08, 0.3]	(0.3, 0.6]	(0.6, 1)
		v_c/(m·min^{-1})		
低碳钢、易切钢	热轧	140～180	100～120	70～90
中碳钢	热轧	130～160	90～110	60～80
	调质	100～130	70～90	50～70
合金结构钢	热轧	100～130	70～90	50～70
	调质	80～110	50～70	40～60

(续表)

工件材料	热处理状态	a_p/mm		
		(0.3, 2]	(2, 6]	(6, 10]
		$f/(\mathrm{mm \cdot r^{-1}})$		
		(0.08, 0.3]	(0.3, 0.6]	(0.6, 1)
		$v_c/(\mathrm{m \cdot min^{-1}})$		
工具钢	退火	90～120	60～80	50～70
灰铸铁	HBS<190	90～120	60～80	50～70
	HBS=190～225	80～110	50～70	40～60
高锰钢		10～20		
铜及铜合金		200～250	120～180	90～120
铝及铝合金		300～600	200～400	150～200
铸铝合金（w_{si}13%）		100～180	80～150	60～100

注：切削钢及灰铸铁时刀具耐用度约为 60min。

（2）车螺纹时主轴的转速

在车削螺纹时，车床的主轴转速将受到螺纹的螺距 P（或导程）大小、驱动电机的升降频特性，以及螺纹插补运算速度等多种因素影响，故对于不同的数控系统，推荐不同的主轴转速选择范围。大多数经济型数控车床推荐车螺纹时的主轴转速 n（r/min）为

$$n \leqslant (1200/P) - k$$

式中，P——被加工螺纹螺距，mm；

k——保险系数，一般取为 80。

此外，在安排粗、精车削用量时，应注意机床说明书给定的允许切削用量范围，对于主轴采用交流变频调速的数控车床，由于主轴在低转速时扭矩降低，尤其应注意此时的切削用量选择。

第五节　数控加工工艺文件

一、数控程序编制的内容与步骤

1. 程序编制的内容

了解数控机床的技术性能；分析零件图纸，了解技术要求；确定刀具、切削用量及加工顺序和走刀路线；进行数值计算，获得刀位数据；编制加工程序，并输入数控系统。

2. 典型的数控编程过程与步骤

① 加工工艺分析；

② 计算加工轨迹和加工尺寸；

③ 编制加工程序清单；

④ 程序输入；
⑤ 程序校验和试切削。

二、数控标准

1. 数控程序编制的国际标准和国家标准

数控标准的概念及作用：数控加工程序中所用的各种代码如坐标尺寸值、坐标系命名、数控准备机能指令、辅助动作指令、主运动和进给速度指令、刀具指令以及程序和程序段格式等都已制定了一系列的国际标准，这样极大地方便了数控系统的研制、数控机床的设计、使用和推广。

常用数控代码（编码）标准有两个：
① EIARS-244 标准——美国电子工业协会制定的；
② ISO-RS840 标准——国际标准化协会制定的。

常用的数控标准有以下几方面：
① 数控的名词术语；
② 数控机床的坐标轴和运动方向；
③ 数控机床的字符编码（ISO 代码、EIA 代码）；
④ 数控编程的程序段格式；
⑤ 准备机能（G 代码）和辅助机能（M 代码）；
⑥ 进给功能、主轴功能和刀具功能。

2. 程序结构与程序段格式

（1）加工程序的结构

零件加工程序有主程序和可被主程序调用的子程序组成，子程序有多级嵌套。主程序和子程序都是由若干个"程序段"（block）组成。程序段由"程序字"简称"字"（word）组成。

字是由表示地址的英文字母或特殊文字和数字组成。字是表示某种功能的代码符号，也称为指令代码、指令或代码。如：G01、X2500.001、F1000。

（2）程序段格式

固定顺序/分隔符顺序/字地址格式

址格式如下：

N—	G—	X—	Y—	Z—	F—	S—	T—	M—	LF

其中，N——程序段的序号；G——准备机能指令；X—— Y—— Z——坐标运动尺寸工艺性指令；F——进给速度指令；S——主轴转速指令；T——刀具号指令；M——辅助机能指令；LF 为程序段结束符号。

字地址格式中常用的地址字及其意义见表 2.5。

表 2.5 字地址格式中常用的地址字及其意义

地址字	意义	地址字	意义
A	围绕 X 轴旋转的旋转轴角度尺寸	N	程序段号
B	围绕 Y 轴旋转的旋转轴角度尺寸	O	程序编号
C	围绕 Z 轴旋转的旋转轴角度尺寸	P	与 X 轴平行的第 3 移动坐标尺寸
D	刀具半径偏置号	Q	与 Y 轴平行的第 3 移动坐标尺寸
E	第二进给机能	R	与 Z 轴平行的第 3 移动坐标尺寸或圆弧半径或固定循环参数
F	第一进给机能	S	主轴转速机能
G	准备机能	T	刀具机能
H	刀具长度偏置号	U	与 X 轴平行的第 2 移动坐标尺寸
I	平行于 X 轴的插补参数或螺纹导程	V	与 Y 轴平行的第 2 移动坐标尺寸
J	平行于 Y 轴的插补参数或螺纹导程	W	与 Z 轴平行的第 2 移动坐标尺寸
K	平行于 Z 轴的插补参数或螺纹导程	X	主坐标轴 X 移动坐标尺寸
L	固定循环次数或子程序返回次数	Y	主坐标轴 Y 移动坐标尺寸
M	辅助机能	Z	主坐标轴 Z 移动坐标尺寸

（3）程序段中"功能字"的意义

① 程序段序号：N××××；

② 准备功能字：G××；

③ 坐标字：X±××××.×××；

④ 进给功能字：F××（进给速度指定方法有直接指定法、时间倒数指定）；

⑤ 主轴转速功能字：S××；

⑥ 刀具功能字：T××；

⑦ 辅助功能字：M××；

⑧ 程序段结束符：LF/CR/ "*" / ";" 其他符号表示。

3．数控系统的指令代码

国际标准化组织准规定的准备功能指令代码——G 代码。

G 代码：是与机床运动有关的一些指令代码，包括坐标系设定、平面选择、参考点设定、坐标尺寸表示方法、定位、插补、刀补、固定循环、速度指定、安全和测量功能等方面的指令。

模态代码：一经在一个程序段中指定，其功能一直保持到被取消或被同组其他 G 代码所代替，即在后续的程序段中不写该代码，功能仍然起作用。

非模态代码：其功能仅在所出现的程序段内有效。

三、填写数控加工技术文件

数控加工技术文件的示例见表 2.6。

不同的机床或不同的加工目的可能会需要不同形式的数控加工专用技术文件。在工作中，可根据具体情况设计文件格式。

表2.6 数控加工技术文件

零件图号	J30102-4		数控刀具卡片			使用设备	
刀具名称	镗刀					TC-30	
刀具编号	T13006	换刀方式	自动	程序编号			
刀具组成	序号	编号	刀具名称	规格	数量	备注	
	1	T013960	拉钉		1		
	2	390，140-50 50 027	刀柄		1		
	3	391，01-50 50 100	接杆	$\phi 50 \times 100$	1		
	4	391，68-03650 085	镗刀杆		1		
	5	R416.3-122053 25	镗刀组件	$\phi 41 - \phi 53$	1		
	6	TCMM110208-52	刀片		1		
	7				2	GC435	
备注							
编制		审校		批准		共页	第页

第六节 数控加工刀具系统

一、数控加工常用刀具的种类及特点

数控加工刀具必须适应数控机床高速、高效和自动化程度高的特点，一般应包括通用刀具、通用连接刀柄及少量专用刀柄。刀柄要连接刀具并装在机床动力头上，因此已逐渐标准化和系列化。数控刀具的分类有多种方法，根据刀具结构可分为：整体式；镶嵌式，采用焊接或机夹式连接，机夹式又可分为不转位和可转位两种；特殊形式，如复合式刀具，减震式刀具等。根据制造刀具所用的材料可分为：高速钢刀具；硬质合金刀具；金刚石刀具；其他材料刀具，如立方氮化硼刀具，陶瓷刀具等。从切削工艺上可分为：车削刀具，分外圆、内孔、螺纹、切割刀具等多种；钻削刀具，包括钻头、铰刀、丝锥等；镗削刀具；铣削刀具等。为了适应数控机床对刀具耐用、稳定、易调、可换等的要求，近几年机夹式可转位刀具得到广泛的应用，在数量上达到整个数控刀具的 30%～40%，金属切除量占总数的 80%～90%。

数控刀具与普通机床上所用的刀具相比，有许多不同的要求，主要有以下特点：

① 刚性好（尤其是粗加工刀具）、精度高、抗振及热变形小；

② 互换性好，便于快速换刀；
③ 寿命高，切削性能稳定、可靠；
④ 刀具的尺寸便于调整，以减少换刀调整时间；
⑤ 刀具应能可靠地断屑或卷屑，以利于切屑的排除；
⑥ 系列化、标准化，以利于编程和刀具管理。

二、数控加工刀具的选择

刀具的选择是在数控编程的人机交互状态下进行的，应根据机床的加工能力、工件材料的性能、加工工序、切削用量以及其他相关因素正确选用刀具及刀柄。刀具选择总的原则是：安装调整方便，刚性好，耐用度和精度高。在满足加工要求的前提下，尽量选择较短的刀柄，以提高刀具加工的刚性。

选取刀具时，要使刀具的尺寸与被加工工件的表面尺寸相适应。生产中，平面零件周边轮廓的加工，常采用立铣刀；铣削平面时，应选硬质合金刀片铣刀；加工凸台、凹槽时，选高速钢立铣刀；加工毛坯表面或粗加工孔时，可选取镶硬质合金刀片的玉米铣刀；对一些立体型面和变斜角轮廓外形的加工，常采用球头铣刀、环形铣刀、锥形铣刀和盘形铣刀。

在进行自由曲面加工时，由于球头刀具的端部切削速度为零，因此，为保证加工精度，切削行距一般取得尽可能密，故球头常用于曲面的精加工。而平头刀具在表面加工质量和切削效率方面都优于球头刀，因此，只要在保证不过切的前提下，无论是曲面的粗加工还是精加工，都应优先选择平头刀。另外，刀具的耐用度和精度与刀具价格关系极大，必须引起注意的是，在大多数情况下，选择好的刀具虽然增加了刀具成本，但由此带来的加工质量和加工效率的提高，则可以使整个加工成本大大降低。

在加工中心上，各种刀具分别装在刀库上，按程序规定随时进行选刀和换刀动作。因此必须采用标准刀柄，以便使钻、镗、扩、铣削等工序使用的标准刀具，能迅速、准确地装到机床主轴或刀库上去。编程人员应了解机床上所用刀柄的结构尺寸、调整方法以及调整范围，以便在编程时确定刀具的径向和轴向尺寸。目前我国的加工中心采用 TSG 工具系统，其刀柄有直柄（三种规格）和锥柄（四种规格）两种，共包括 16 种不同用途的刀柄。

在经济型数控加工中，由于刀具的刃磨、测量和更换多为人工手动进行，占用辅助时间较长，因此，必须合理安排刀具的排列顺序。一般应遵循以下原则：
① 尽量减少刀具数量；
② 一把刀具装夹后，应完成其所能进行的所有加工部位；
③ 粗精加工的刀具应分开使用，即使是相同尺寸规格的刀具；
④ 先铣后钻；
⑤ 先进行曲面精加工，后进行二维轮廓精加工；
⑥ 在可能的情况下，应尽可能利用数控机床的自动换刀功能，以提高生产效率等。

在数控车床上使用的刀具有外圆车刀、钻头、镗刀、切断刀、螺纹加工刀具等，其中以外圆车刀、镗刀、钻头最为常用。

数控车床使用的车刀、镗刀、切断刀、螺纹加工刀具均有焊接式和机夹式之分，除经济型数控车床外，目前已广泛使用机夹式车刀，它主要由刀体、刀片和刀片压紧系统三部分组成，其中刀片普遍使用硬质合金涂层刀片。

在实际生产中，数控车刀主要根据数控车床回转刀架的刀具安装尺寸、工件材料、加工类型、加工要求及加工条件从刀具样本中查表确定，其步骤大致如下：

① 确定工件材料和加工类型（外圆、孔或螺纹）；
② 根据粗、精加工要求和加工条件确定刀片的牌号和几何槽形；
③ 根据刀架尺寸、刀片类型和尺寸选择刀杆。

如果选择好合适的刀片和刀杆后，首先将刀片安装在刀杆上，再将刀杆依次安装到回转刀架上，之后通过刀具干涉图和加工行程图检查刀具安装尺寸。

在刀具安装过程中应注意以下问题：

① 安装前保证刀杆及刀片定位面清洁，无损伤；
② 将刀杆安装在刀架上时，应保证刀杆方向正确；
③ 安装刀具时需注意使刀尖等高于主轴的回转中心。

三、数控车床常用刀具

数控车床刀具的标准化和模块化不但提高了数控机床的工作效率，而且在使用中非常方便。数控车床的刀具分为刀杆与刀片两部分，在数控车床加工中更换磨损的刀片，只须松开螺钉，将刀片转位，将新的刀刃放于切削位置即可，因此又称之为可转位刀片。由于可转位刀片的尺寸精度较高，刀片转位固定后一般不需要刀具尺寸补偿或仅需要少量刀片尺寸补偿就能正常使用。

数控车床刀具按进刀方向可分为左进刀、右进刀和中间进刀三种形式；按刀具对工件的加工位置可分为内孔加工（内孔车刀见图2.15）、外圆加工和端面加工（外圆和端面车刀见图2.16）三种形式；按加工工件形状可分为切槽、螺纹和仿形加工三种形式。

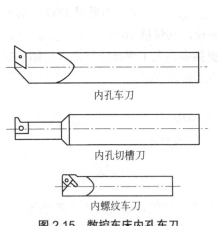

图 2.15 数控车床内孔车刀

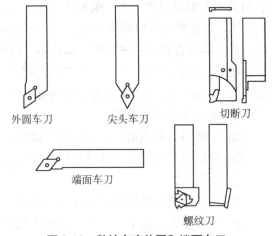

图 2.16 数控车床外圆和端面车刀

数控车床常用刀具见图 2.17。

图 2.17 数控车床常用刀具

四、数控铣床常用刀具

数控机床刀具刀柄的结构形式分为整体式与模块式两种。整体式刀柄其装夹刀具的工作部分与它在机床上安装定位用的柄部是一体的。这种刀柄对机床与零件的变换适应能力较差。为适应零件与机床的变换，用户必须储备各种规格的刀柄，因此刀柄的利用率较低。模块式刀具系统是一种较先进的刀具系统，其每把刀柄都可通过各种系列化的模块组装而成。针对不同的加工零件和使用机床，采取不同的组装方案，可获得多种刀柄系列，从而提高刀柄的适应能力和利用率。

1．刀柄结构形式

数控铣床刀柄如图 2.18 所示。刀柄结构形式的选择应兼顾技术先进与经济合理：

① 对一些长期反复使用、不需要拼装的简单刀具以配备整体式刀柄为宜，使工具刚性好，价格便宜，如加工零件外轮廓用的立铣刀刀柄、弹簧夹头刀柄及钻夹头刀柄等；

② 在加工孔径、孔深经常变化的多品种、小批量零件时，宜选用模块式刀柄，以取代大量整体式镗刀柄，降低加工成本；

③ 对数控机床较多尤其是机床主轴端部、换刀机械手各不相同时，宜选用模块式刀柄。由于各机床所用的中间模块（接杆）和工作模块（装刀模块）都可通用，可大大减少设备投资，提高工具利用率。

2．刀柄规格

数控刀具刀柄多数采用 7∶24 圆锥工具刀柄，并采用相应型式的拉钉拉紧结构与机床主轴相配合。刀柄有各种规格，常用的有 40 号、45 号和 50 号。目前在我国应用较为广泛的有 ISO7388—1983、GB10944—1989、MAS403—1982、ANSI/ASME B5.50—1985 等，选择时应考虑刀柄规格与机床主轴、机械手相适应。

JT：表示采用国际标准 ISO7388 号加工中心机床用锥柄柄部（带机械手夹持槽）；其后数字为相应的 ISO 锥度号，如 50 和 40 分别代表大端直径 69.85 和 44.45 的 7∶24 锥度。

BT：表示采用日本标准 MAS403 号加工中心机床用锥柄柄部（带机械手夹持槽）；其

(a) 模块式刀柄　　　　　　　　　(b) 整体式刀柄

图 2.18　数控铣床刀柄

后数字为相应的 ISO 锥度号,如 50 和 40 分别代表大端直径 69.85 和 44.45 的 7∶24 锥度。

为提高加工效率,应尽可能选用高效率的刀具和刀柄。如粗镗孔可选用双刃镗刀刀柄,既可提高加工效率,又有利于减少切削振动;选用强力弹簧夹头不仅可以夹持直柄刀具,也可通过接杆夹持带孔刀具等。对于批量大、加工复杂的典型工件,应尽可能选用复合刀具。尽管复合刀具与刀柄价格较为昂贵,但在加工中心上采用复合刀具加工,可把多道工序合并成一道工序、由一把刀具完成,有利于减少加工时间和换刀次数,显著提高生产效率。对于一些特殊零件还可考虑采用专门设计的复合刀柄。对于高速切削一般采用 HSK 系列刀柄。

3．刀柄的约束方式

(1) 一面约束

如图 2.19 右部所示,刀柄以锥面与主轴孔配合,端面有 2mm 左右间隙,此种连接方式刚性较差;一般不用。

(2) 两面约束

如图 2.19 左部所示,刀柄以锥面及端面与主轴孔配合,在高速、高精加工时,两面限位才能确保、可靠;此种约束常用。

4．常用刀柄的使用方法

数控铣床各种刀柄均有相应的使用说明,在使用时可仔细阅读。举例说明弹簧夹头的安装使用。

① 将刀柄放入卸刀座并锁紧;
② 根据刀具直径选取合适的卡簧,清洁工作表面;
③ 将卡簧装入锁紧螺母内;
④ 将铣刀装入卡簧孔内,并根据加工深度控制刀具悬伸长度;

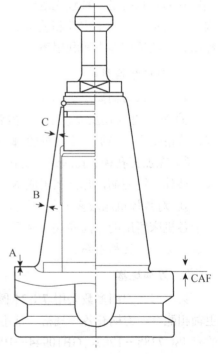

图 2.19　一面约束与两面约束

⑤ 用扳手将锁紧螺母锁紧；
⑥ 检查，将刀柄装上主轴。

 ## 实训自测题二

1. 数控机床上加工零件的工序划分方法有哪几种？
2. 对刀点选择的原则是什么？
3. 在数控机床上按"工序集中原则"组织加工有何优点？
4. 数控车削的主要加工对象有哪些？常用的数控车刀有哪些？
5. 数控铣削的主要加工对象有哪些？确定铣刀进给路线时，应考虑哪些问题？
6. 简述程序段中常用的地址字及其意义，程序段中"功能字"的意义。

第二篇　操作与编程篇

第三章 数控车床的操作与编程

1. 熟悉数控操作面板，会熟练操作数控机床。
2. 能够根据零件图纸对复杂零件进行工艺制定和数控编程。
3. 正确装夹工件，熟练准确对刀，安全高效加工出合格零件。

数控实训车间项目教学，机房里仿真模拟贯穿理论讲解，车间内教师演示学生实际操作，最后综合考评。

理论学时 8 课时，机床实操 32 课时。

数控车床的操作与编程教学内容及课时分配表

教学内容 （理论学习、实训、复习）	学时	指导教师	备注
理论：讲解数控车床安全操作规程、结构，维护、保养基本知识	1		
理论：数控车削基本编程	1		
实训：熟悉数控车床面板，数控车床基本操作	2		
实训：简单程序的输入和调试	4		
理论：数控车削循环编程方法	2		
实训：数控车简单对刀方法及简单零件的加工	6		
实训：数控车循环编程与实际加工	6		

(续表)

教学内容 (理论学习、实训、复习)	学时	指导教师	备注
理论：车削螺纹的方法及程序的编制	2		
实训：简单螺纹的实际加工	4		
实训：多把刀的对刀补正及刀具参数的设置	2		
理论：复杂零件加工工艺和加工参数的确定及加工程序的编制	2		
复习：数控车床操作，对刀及复杂编程	2		
实训：车削复杂零件程序的编制、调试及加工	4		考试试题

实训教学考核方法

实训教学的考核是整个实训的重要环节，它既可以检查学生的实训成绩，又可以衡量指导教师的教学效果，对促进实训起着积极的作用。

1. 考核原则

理论和实践考核并举，以实践考核为主，同时考核实训纪律、出勤、安全生产、实训环境卫生等，综合评比确定实训成绩。

2. 考核依据

（1）考核分为优秀、良好、中等、及格和不及格五个等级。

（2）实训项目考核占 70%。

① 实操作业占 60%。

② 实训报告占 10%。

（3）实训过程表现占 30%。

① 实训出勤占 15%。

② 实训守纪情况占 15%。

数控车床安全操作规程

数控车床是一种自动化程度高、结构复杂且昂贵的先进设备，操作者必须掌握其性能，管好、用好和维护好设备。养成良好的工作习惯，具有良好的职业素质，做到安全文明生产，严格遵守数控车床安全操作规程。

① 严格按照机床和系统的使用说明书正确、合理地操作机床，熟悉系统参数，不能随意更改。

② 数控车床的开机、关机顺序，一定要按照说明书的规定操作。

③ 主轴启动前一定关好防护门，程序正常运行过程中严禁开启防护门。

④ 在每次通电后，必须完成各轴返回参考点操作，然后再进入其他模式运行，以保各

轴坐标的正确性。

⑤ 机床运行中不允许打开电器柜的门。

⑥ 加工程序必须经过严格检验后，方可进行操作运行。

⑦ 手动对刀时，应注意选择合适的进给速度；换刀时，刀架距工件要有足够的转位距离，不发生碰撞。

⑧ 加工中如有异常，可按下"急停"按钮，以确保人身和设备的安全。

⑨ 机床发生事故，操作者不得离开现场，并向维修人员如实说明事故发生前后的情况，以利于查找事故原因。

⑩ 数控机床的使用一定要有专人负责，严禁其他人员随意动用设备。

⑪ 要做好交接班记录，消除隐患。

⑫ 要经常润滑机床导轨、防止导轨生锈，并做好机床的清洁保养工作。

第一节 FANUC0i 系统有关功能

一、FANUC0i 系统功能

数控机床加工中的动作在加工程序中用指令的方式事先予以规定，这类指令有准备功能 G、辅助功能 M、刀具功能 T、主轴转速功能 S 和进给功能 F 等。由于现在数控机床和数控系统的种类很多，同一 G 功能或同一 M 指令其含义并不完全相同，甚至完全不同，这方面国家并无完全统一的标准。所以，作为一个编程人员在编程前必须对所用的数控系统功能进行仔细研究，掌握指令的正确含义，以免发生错误。

1. 准备功能 G 指令

表 3.1 列出了 FAUNC0i—T 数控车床系统常用的准备功能。

表 3.1 FAUNC0i—T 数控车床系统常用的准备功能 G 指令及功能

G 指令	组号	功能	G 指令	组号	功能
G00*	01	快速定位	G50	00	坐标系设定
G01	01	直线插补	G50.3	00	工件坐标系预置
G02	01	顺时针直线插补	G50.2*	20	多边形车削取消
G03	01	逆时针直线插补	G51.2	20	多边形车削
G04	00	暂停	G52	00	局部坐标系设定
G07.1	00	圆柱插补	G53	00	机床坐标系设定
G10*	00	可编程数据输入	G54*—G59	14	坐标系偏置
G11	00	可编程数据输入方式取消	G65	00	宏程序调用
G12.1	21	极坐标插补方式	G66	12	宏程序模态调用
G13.1*	21	极坐标插补方式取消	G67*	12	宏程序模态调用取消
G17	16	X_pY_p 平面选择	G70	00	精加工循环

(续表)

G 指令	组号	功能	G 指令	组号	功能
G18*	16	$Z_P X_P$ 平面选择	G71	00	粗车外圆
G19		$Y_P Z_P$ 平面选择	G72		粗车端面
G20	06	英寸输入	G73		多重车削循环
G21		毫米输入	G74		排屑钻端面孔
G22*	09	存储行程检查接通	G75		外径/内径钻孔
G23		存储行程检查断开	G76		多头螺纹循环
G25*	08	主轴速度波动检测断开	G80*	10	固定钻循环取消
G26		主轴速度波动检测接通	G83		钻孔循环
G27	00	返回参考点检查	G84		攻丝循环
G28		返回参考位置	G85		正面镗循环
G30		返回第 2、第 3、第 4 参考点	G87		侧钻循环
G31		跳转功能	G88		侧攻丝循环
G32	01	螺纹车削	G89		侧堂循环
G34		变螺距螺纹车削	G90	01	外径/内径车削循环
G36	00	自动刀具补偿 X	G92		螺纹车削循环
G37		自动刀具补偿 Z	G94		端面车削循环
G40*	07	刀尖半径补偿取消	G96	02	恒表面车削速度控制
G41		刀尖半径补偿左	G97*		恒表面车削速度控制取消
G42		刀尖半径补偿右	G98	05	每分进给
			G99*		每转进给

表 3.1 的说明如下：

① 模态 G 代码在表中用*指示状态。

② 除了 G10 和 G11 外，00 组 G 代码都是非模态 G 代码。

③ 当指定了没有列在 G 代码表中的 G 代码时，显示 P/S 报警（010 号）。

④ 不同组的 G 代码能够在同一程序段中指定。如果同一程序段中指定了同组 G 代码，则最后指定的 G 代码有效。

⑤ 如果在固定循环中指定了 01 组的 G 代码，就像指定了 G80 指令一样取消固定循环。指令固定循环的 G 代码不影响 01 组 G 代码。

⑥ 当 G 代码系统 A 用于固定循环的时候，返回点只有初始平面。

⑦ G 代码按组号显示。

⑧ 在编程时，G 指令中前面的 0 可省略，如 G00、G03 可见写为 G0、G3。

2．辅助功能 M 指令

表 3.2 列出了 FAUNC0i—T 数控车床系统常用的辅助功能 M 指令及功能。

表 3.2　FAUNC0i—T 数控车床系统常用的辅助功能 M 指令及功能

M 指令	功能	M 指令	功能
M00	程序停止	M09	冷却关
M01	条件程序停止	M02	程序结束
M03	主轴正转	M30	程序结束并返回程序头
M04	主轴反转	M98	调用子程序
M05	主轴停止	M99	子程序结束返回/重复执行
M08	冷却开		

说明：在编程时，M 指令中前面的 0 可省略，如 M00、M03 可见写为 M0、M3。

3．F、T、S 功能

（1）F 功能

功能：指定进给速度

每转进给（G99）：系统开机状态为 G99 功能，只有输入 G98 指令后，G99 才被取消。在含有 G99 的程序段后面，在遇到 F 指令时，则认为 F 所指定的进给速度单位为 mm/r。

每分进给（G98）：在含有 G98 的程序段后面，在遇到 F 指令时，则认为 F 所指定的进给速度单位为 mm/min。G98 被执行一次后，系统将保持 G98 状态，直到被 G99 取消为止。

（2）T 功能

T 功能即刀具功能，用来定义刀具和换刀，在 FANUC0i 系统中采用 T2+2 的形式。如 T0202 表示 2 号刀具和 2 号刀补，刀补存储是公用的，往往采用 T0101、T0202、T0303。FANUC0i 系统数控车床中 0 字可以省略，即可写成 T11、T22D；但在 FANUC0i—TC 中，刀具形式必须写成 T0101、T0202、T0303 等形式。

（3）S 功能

功能：主轴功能，指定主轴转速或速度。

恒表面车削速度控制（G96）：G96 是恒表面车削速度控制有效指令。系统执行 G96 指令后，S 后面的数值表示切削速度。例如：G96 S100 表示切削速度是 100m/min。

主轴转速控制（G97）：G97 是恒表面车削速度控制取消指令。系统执行 G97 指令后，S 后面的数值表示主轴每分钟的转数。例如：G97 S1000 表示主轴转速为 1000r/min。系统开机状态为 G97 状态。

F 功能、T 功能、S 功能均为模态指令。

二、FANUC0i 系统程序结构

1．加工程序的组成

在数控机床上加工零件，首先要编制程序，然后用该程序控制数控机床。数控加工中零件加工程序的组成形式，与所采用的数控系统形式不同而略有差别。一个完整的加工程序由程序号和若干个程序段组成。一个程序段由若干个程序号和若干个字组成，一个字由地址符和数字组成。在数控系统中加工程序可分为主程序和子程序。

2. 加工程序的格式

所有的加工程序都有加工程序号、程序段、程序结束符等几部分组成。

（1）加工程序号

格式为：O××××

O××××为加工程序号，范围为0000～9999。数控系统中的零件加工程序号不能相同。

（2）程序段

格式为：

N××××	G××	X（U）××.×× Z（W）××.××
程序段号	准备功能	坐标运动尺寸
F×××× S×××× M×× T××××		；
工艺性指令		结束符

FANUC0i 系统默认的程序段号从 5 开始，以 5 递增。

（3）程序结束符

FANUC0i 系统程序结束符为"％"。

第二节　FANUC0i 系统操作面板简介

一、FANUC0i—Mate 系统操作面板及各键功能

FANUC0i 系统数控车床操作面板因为系统版本不同，各个面板样式有所差异，但各键功能基本相同，下面以 FANUC0i—Mate（南京第二机床厂）系统操作面板为例，介绍各键功能。FANUC0i—Mate 系统操作面板如图 3.1 所示，操作面板上各键的名称及功能介绍见表 3.3。

图 3.1　FANUC0i—Mate（南京第二机床厂）系统操作面板

表 3.3 操作面板上各键名称及功能介绍

名称	功能说明
复位键（RESET）	按下这个键可以使 CNC 复位或者取消报警等
软键	根据不同的界面，软键有不同的功能，软键功能显示在屏幕的底端
地址和数字键	按下这些键可以输入字母、数字或者其他字符。其中（EOB）为输入（;）作为程序段的结束符
上档键（SHIFT）	在键盘上的某些键具有两个功能，按下<SHIFT>键可以在这两个功能之间进行切换
输入键（INPUT）	当按下一个字母键或者数字键时，再按该键数据被输入到缓冲区，并且显示在屏幕上。要将输入缓冲区的数据拷贝到偏置寄存器中等，请按下该键。这个键与软键中的［INPUT］键是等效的
取消键（CAN）	取消键，用于删除最后一个进入输入缓存区的字符或符号
程序功能键	ALTER：替换键（ALTER） INSERT：插入键（INSERT） DELETE：删除键（DELETE）
功能键	按下这些键，切换不同功能的显示屏幕 POS：按下这一键以显示位置（POS）屏幕 PROG：按下这一键以显示程序（PROG）屏幕 OFFSET SETTING：按下这一键以显示偏置/设置（SETTING）屏幕 SYSTEM：按下这一键以显示系统参数（SYSTEM）屏幕 MESSAGE：按下这一键以显示报警信息（MESSAGE）屏幕 CUSTOM GRAPH：按下这一键以显示用户宏（模拟）（CUSTOM）屏幕
光标移动键	有四种不同的光标移动键。 → 这个键用于将光标向右或者向前移动 ← 这个键用于将光标向左或者往回移动 ↓ 这个键用于将光标向下或者向前移动 ↑ 这个键用于将光标向上或者往回移动
翻页键	有两个翻页键。 PAGE↑ 该键用于将屏幕显示的页面往前翻页 PAGE↓ 该键用于将屏幕显示的页面往后翻页
	⊕（EDIT）程序编辑功能选择 ▷（MDI）手动数据输入 〰（JOG）手动方式 1 10 100 1000 10000 增量选择（轴点动和手轮的增量） ⌒（MDI）手动数据输入 ⇥（MEM）自动方式选择 ⊕（REF）手动返回参考点（机床回零）

（续表）

名称	功能说明
	进给速度修调
	手轮
	紧急停止
	SBK：单段运行 DNC：在线加工 DRN：空运行
	CW：主轴正转 STOP：主轴停止 CCW：主轴反转
	循环启动　　进给保持（暂停）　　复位
	COOL：手动冷却开 TOOL：手动换刀 DRIVE：机床锁住
	+X、−X、+Z、−Z 手动移动刀具时轴及其方向选择 RAPID 倍率叠加（加速）

二、FANUC0i 数控系统基本操作方法简介

1. 手动返回参考点（REF）

由于机床采用增量式测量系统，所以机床断电后，数控系统就丢失了对参考点的记忆，当再次接通电源后，操作者必须首先进行返回参考点的操作，否则数控系统将不能自动运行程序。具体操作步骤如下：

① 将方式选择开关置于返回参考点（REF）的方式。

② 将机床的快速移动倍率适当调低。

③ 按下+X 按键，直至系统的机床坐标 X 显示为零。

④ 按下+Z 按键，直至系统的机床坐标 Z 显示为零。

MDI（手动数据输入）程序运行

① 置手动操作面板上的方式开关于 MDI 运行方式。

② 按下数控面板上的"PROG"功能键。

③ 在输入缓冲区输入一段程序指令，并以分号（EOB）结束，然后按 INSERT（插入）键，程序内容即被加到番号为 O0000 的程序中。

④ 程序输入完成后，按"循环启动"键即可实施 MDI 运行方式。

3．程序输入及调试

（1）程序的检索

用于查询浏览当前系统存储器内都存有哪些番号的程序，检索一个程序的步骤如下：

① 将手动操作面板上的工作方式开关置编辑（EDIT）或自动挡，按数控面板上的程序（PROG）键显示程序界面。

② 在自动运行方式的程序屏幕下，按"目录（DIR）"软键，即可列出当前存储器内已存的所有程序。

③ 若要浏览某一番号程序（如 O0001）的内容，可先键入该程序番号如"O0001"后，再按向下的光标键即可。若如此操作产生"071"番号的报警，则表示该程序番号为空，还没有被使用。

（2）程序整理

主要是指对系统内部程序的管理。

由于受存储器的容量限制，当存储的程序量达到某一程度时，必须删除一些已经加工过而不再需要的程序，以腾出足够的空间来装入新的加工程序。否则将会在进行程序输入的中途就产生"070"番号的存储范围不够的报警。删除某一程序的步骤是：

执行程序检索操作的①②步骤，在确保某一程序如"O0002"已不再需要保留的情况下，先键入该程序番号"O0002"后，再按删除（DELETE）键即可。

（3）程序输入与修改

程序输入和修改操作同样也必须在编辑（EDIT）方式下进行。

① 建立一个新程序步骤。

● 选定某一还没有被使用的程序番号作为待输程序番号（如 O0012;），键入该番号 O0012，后按插入（INSERT）键，再按 EOB 键，后按插入（INSERT）键，则该程序番号就自动出现在程序显示区，各具体的程序行就可在其后输入。

● 将上述编程实例的程序顺次输入到机床数控装置中，可通过 CRT 监控显示该程序。注意每一程序段（行）间应用";"（EOB 键）分隔。

② 调入已有的程序。

若要调入先前已存储在存储器内的程序进行编辑修改或运行，可先键入该程序的番号如"O0001"后再按向下的光标键，即可将该番号的程序作为当前加工程序。

③ 程序的编辑与修改。

● 采用手工输入和修改程序时，所键入的地址数字等字符都是首先存放在键盘缓冲区内，此时若要修改可用退格键"CAN"来进行擦除重输，当一行程序数据输入无误后，可按"INSERT"或"ALTER"键以插入或改写的方式从缓冲区送到程序显示区（同时自动存储），这时就不能再用"CAN"键来改动了。

● 若要修改程序局部，可移光标至要修改处，再输入程序字，按"改写（ALTER）"键则将光标处的内容改为新输入的内容；按"插入（INSERT）"键则将新内容插入至光标所在程序字的后面；若要删除某一程序字，则可移光标至该程序字上再按"删除（DELET）"键。FANUC系统中程序的修改不能细致到某一个字符上，而是以程序字（某一个地址后跟一些数字）作为程序更改的最小单位。

● 若要删除某一程序行，可移光标至该程序行的开始处，再按"；"+"DELET"键。

（4）程序的模拟及空运行调试

模拟操作方法：将光标移至主程序开始处，或在编辑方式下按复位（RESET）键使光标复位到程序头部，再把功能旋钮旋至"自动（MEM或AUTO）"挡，调整机床显示界面至模拟界面（CUSTOME GRAPH）。按下手动操作面板上的"DRY RUN（空运行）"开关至灯亮后，把机床锁住按钮按下，再按"CYCLE START（循环启动）"按钮，机床即开始以快进速度执行程序，然后在模拟界面就可以看到程序运行时刀具的轨迹，空运行时将无视程序中的进给速度而以快进的速度移动，并可通过"快速倍率"旋钮来调整。

4．程序的执行

当程序编制好后就可以进行对刀然后运行加工工件。对刀是数控加工一个非常重要的环节，它直接关系到加工零件的精度。FANUC系统对刀的步骤如下：

① Z轴：平端面—切换界面至刀补界面补正的形状界面—输入Z0—测量。

② X轴：车外圆—退刀（只退Z轴）—测量外圆直径—输入X［直径值］—测量。

刀具对好后操作者可以执行程序，具体步骤如下：

① 置机床自动（AUTO）操作方式；

② 将进给及快速移动倍率调低；

③ 按下操作面板上的单段（SBK）按钮；

④ 按下循环启动（CYCLE START）按钮开始执行程序；

⑤ 调整倍率让刀具靠近工件，必要时把倍率调至零检查刀具与工件的实际距离是否与机床显示器上余程的数值相符，如果不符则停止执行程序检查并修改错误。

第三节 FANUC0i系统数控车床编程基本指令

一、代码解释

1．快速点定位（G00）

如图3.2所示用G00定位，刀具以快速移动速度移动到指定的位置。

指令形式：G00　X（U）_Z（W）_；
刀具以各轴独立的快速移动速度定位。

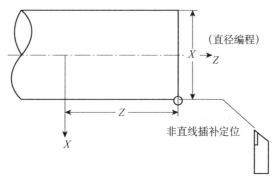

图 3.2　G00 指令运动轨迹

实例 3-1：定位指令编程示例。

G00 指令编程方法（示例 1）如图 3.3 所示，程序如下：

`G00X40Z56`

注：运行 G00 指令时各轴单独的快速移动速度由机床厂家设定（参数 NO.022～023j），受快速备率开关控制（F0，25%，50%，100%），用 F 指定的进给速度无效。

2．直线插补（G01）

指令形式：G01X（U）_Z（W）_F_；

利用这条指令可以进行直线插补。根据指令的 X，Z/U，W 分别为绝对值或增量值，由 F 指定进给速度，F 在没有新的指令以前，总是有效的，因此不需一一指定。

实例 3-2：直线插补编程示例。

G01 指令编程示例如图 3.4 所示，程序如下：

`G01 X40.0 Z20.0 F100;` 或 `G01 U20.0 W-26.0 F100;`

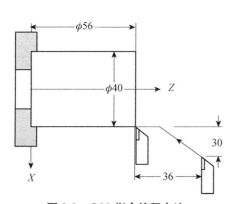

图 3.3　G00 指令编程方法

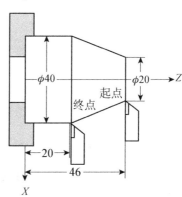

图 3.4　G01 指令编程方法

注：在这个程序段中，X 轴方向的速度为 $F_z = \dfrac{\alpha}{L} * f$，Y 轴方向的速度为 $F_x = \dfrac{\beta}{L} * f$，$L = \sqrt{\alpha^2 + \beta^2}$。

3. 圆弧插补（G02，G03）

使用圆弧插补指令，刀具可以沿着圆弧运动。

指令形式：

G02 X_Z_R_F；

G03 X_Z_I_K_F；

G02 和 G03 指令说明见表 3.4。

表 3.4　G02 和 G03 指令说明

指定内容	命令	意义
回转方向	G02	顺时针转 CW
	G03	反时针转 CCW
绝对值	X，Z	零件坐标系中的终点位置
终点位置（相对值）	U，W	从始点到终点的距离
从始点到圆心的距离	I，K	
圆弧半径	R	圆弧半径（半径指定）
进给速度	F	沿圆弧的速度

表 3.4 中，所谓顺时针和反时针是指在右手直角坐标系中，对于 ZX 平面，从 Z 轴的正方向往负方向看而言，如图 3.5 所示。

圆弧插补指令中，用地址 X，Z 或者 U，W 指定圆弧的终点，用绝对值或增量值表示。增量值是从圆弧的始点到终点的距离值。圆弧中心用地址 I，K 指定，它们分别对应于 X，Z 轴。但 I，K 后面的数值是从圆弧始点到圆心的矢量分量，是增量值。圆弧起点与矢量方向示例如图 3.6 所示，指令格式如下：

G02 X.. Z.. I.. K.. F..；　　　　G03 X.. Z.. I.. K.. F..；

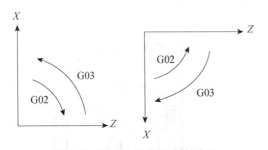
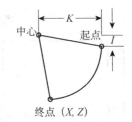

图 3.5　顺时针与逆时针的判别　　　　图 3.6　圆弧起点与矢量方向

I、K 根据方向带有符号。圆弧中心除用 I，K 指定外，还可以用半径 R 来指定，如图 3.7 所示，指令格式如下：

G02 X_Z_R_F_；

G03 X_Z_R_F_；

用 R 编程，如图 3.8 所示，可画出下面 1、2 两个圆弧，大于 180°的圆弧和小于 180°的圆弧。为了区别，规定圆心角大于或等于 180°，用+R 表示，小于 180°，用-R 表示。

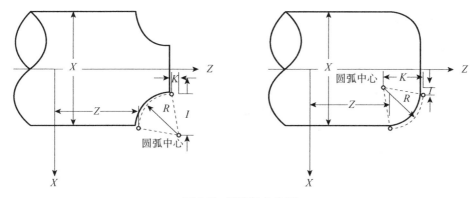

图 3.7 圆弧终点坐标

实例 3-3：圆弧指令编程示例。

圆弧指令编程示例如图 3.9 所示。

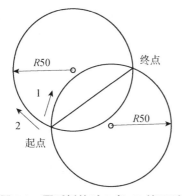

图 3.8 圆弧插补时 R 与 –R 的区别

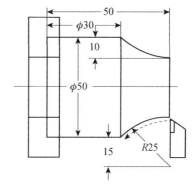

图 3.9 圆弧加工的编程方法

把图上的轨迹分别用绝对值方式和增量方式编程：

G02 X50.0 Z30.0 I25.0 F30;

或 G02 U20.0 W-20.0 I25.0 F30;

或 G02 X50.0 Z30.0 R25.0 F30;

或 G02 U20.0 W-20.0 R25.0 F30;

圆弧插补的进给速度用 F 指定，为刀具沿着圆弧切线方向的速度。

注 1：I0, K0 可以省略。

注 2：X，Z 同时省略表示终点和始点是同一位置，用 I，K 指令圆心时，为 360°的圆弧。

G02 I_;（全圆）

使用 R 时，表示 0°的圆：

G02 R_;（不移动）

注 3：刀具实际移动速度相对于指令速度的误差在±2%以内，而指令速度是刀具沿着补偿后的圆弧运动的速度。

注 4：I，K 和 R 同时指令时，R 有效，I，K 无效。

注 5：使用 I，K 时，在圆弧的始点和终点即使有误差，也不报警。

4．切螺纹指令

FANUC 系统用 G32 指令，可以切削相等导程的直螺纹、锥螺纹和端面螺纹。

用下列指令按 F 代码后续的数值指定的螺距，进行公制螺纹切削。

G32 X(U)__Z(W)__F__;（公制螺纹）

F 是长轴方向的导程（0.001—500.000mm）。

用下列指令按 I 代码后续的数值指定的牙数，进行英制螺纹切削。

G32 X(U)__Z(W)__I__;（英制螺纹）

I 是长轴方向的每英寸牙数（0.060～254 000.000 牙/英寸）。

程序实例：

G32 X__Z__F__;

如图 3.10 所示，一般加工螺纹时，从粗车到精车，用同一轨迹要进行多次螺纹切削。因为螺纹切削开始是从检测出主轴上的位置编码器一转信号后才开始的，因此即使进行多次螺纹切削，零件圆周上的切削点仍时相同的，工件上的螺纹轨迹也是相同的。表 3.5 列出了常用米制螺纹加工进给次数与被吃刀量。但是从粗车到精车，主轴的转速必须是一定的。当主轴转速变化时，有时螺纹会或多或少产生偏差。

螺纹的导程，是指长轴方向的，其判定方法如图 3.11 所示。如 α≤45°导程是 L_z，如 α>45°导程是 L_x。导程通常用半径指定。

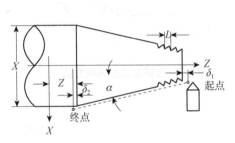

图 3.10 使用 G32 指令切削螺纹

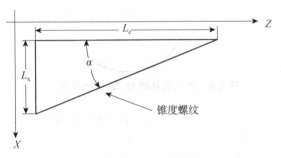

图 3.11 锥螺纹螺纹导程判定方法

表 3.5 常用米制螺纹加工进给次数与被吃刀量

		米制螺纹						
螺距		1.0	1.5	2.0	2.5	3.0	3.5	4.0
牙深		0.649	0.974	1.299	1.624	1.949	2.723	2.589
进给次数与被吃刀量	1	0.7	0.8	0.9	1.0	1.2	1.5	1.5
	2	0.4	0.6	0.6	0.7	0.7	0.7	0.8
	3	0.2	0.4	0.6	0.6	0.6	0.6	0.6
	4		0.16	0.4	0.4	0.4	0.6	0.6
	5			0.1	0.15	0.4	0.4	0.4
	6					0.4	0.4	0.4
	7					0.2	0.2	0.4
	8						0.15	0.3
	9							0.2

在螺纹切削开始及结束部分，一般由于升降速的原因，会出现导程式不正确部分，考虑此因素影响，指令螺纹长度比需要的螺纹长度要长。一般升速段 $\delta_1=(1/2\sim1)P$，降速段 $\delta_2=(1/4\sim1/2)P$，P 为螺纹导程。

实例 3-4：螺纹加工编程示例。

如图 3.12 所示，螺纹尺寸如下。

螺纹导程：4mm；

δ_1=3mm；

δ_2=1.5mm；

在 X 方向切深：1mm（两次切入）。

根据上述参数，编程如下：

（公制输入，直径编程）

G00 U-62.0（相对坐标编程）

G32 W-74.5 F4.0

W74.5

U-2.0（第二次再切入 1mm）

G32 W-74.5 F4.0

G00 U2.0

W74.5；

如图 3.13 所示，螺纹导程在 Z 方向：3.5mm，δ_1=2mm，δ_2=1mm；

在 X 方向切深：1mm（两次切入）。

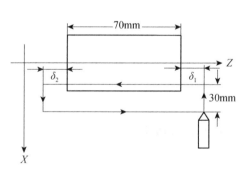

图 3.12 螺纹切削编程

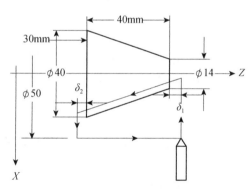

图 3.13 锥螺纹切削

根据上述参数编程如下：

（公制输入，直径编程）

G00 X12.0 Z72.0（定位至第一次螺纹深处）

G32 X41.0 Z29.0F3.5（第一次螺纹切削）

G00X50.0 Z72.0（X、Z 轴退刀）

X10.0（第二次切入 1mm）

G32 X39.0 Z29.0（第二次螺纹切削）

G00 X50.0 Z72.0（X、Z 轴退刀）

G32 Z_F_；（此程序段为螺纹切削）

Z_；（不检测一转信号）

G32_；（此程序段也是螺纹切削）

Z_F_；（不检测一转信号）

注1：在切削螺纹中，进给速度倍率无效，固定在100%。

注2：在螺纹切削中，主轴不能停止，进给保持在螺纹切削中无效。在执行螺纹削切状态之后的第一个非螺纹切削程序段后面，用单程序段来停止。

注3：在进入螺纹切削状态后的一个非螺纹切削程序段时，如果再按了一次进给保持按钮（或者持续按着时）则在非螺纹切削程序中停止。

注4：如果在单程序段状态进行螺纹切削时，在执行完非螺纹切削程序段后停止。

注5：在螺纹切削中途，由自动运转方式变更到手动运转方式时，与注3的持续按进给保持按钮相同，在非螺纹切削程序段的开始。作为进给保持停止。但是，从自动运转方式变到其他自动运转方式时，和注4同样，在执行完非螺纹切削程序段后，用单程序段状态停止。

注6：当前一个程序段为螺纹切削程序段时，而现在程序段也是螺纹切削，在切削开始时，不检测一转信号，直接开始移动。

G32 Z__F__；

Z__；（在此程序段的前面，不检测一转信号）

G32__；（此程序段也是螺纹切削）

Z__F__；（因此，在此程序段前，也不检测一转信号）

注7：在切端面螺纹和锥螺纹时，也可进行恒线速控制，由于改变转速，将难保证正确的螺纹导程，因此切螺纹时，指定G97不使用恒线速控制。

注8：在螺纹切削前的移动指令程序段可指定倒角，但不能是圆角R。

注9：在螺纹切削程序段中，不能指定倒角和圆角R。

注10：在螺纹切胆中主轴倍率有效，但在切螺纹中，如果改变了倍率，由于升降速的影响等因素不能切出正确的螺纹。

二、FANUC系统单一型固定循环（G90，G92，G94）

在有些特殊的粗车加工中，由于切削量大，同一加工路线要反复切削多次，此时可利用固定循环功能，用一个程序段可实现通常由于3～10个程序段指令才能完成的加工路线。并且在重复切削时，只需要改变数值。这个固定循环对简化程序非常有效。

在下面的说明图3.14～图3.22所示图中，是用直径指定的。半径指定时，用U/2替代U，X/2替代X。

1．外圆、内圆车削循环（G90）

用下述指令，可以进行圆柱切削循环。

G90 X(U)__ Z(W)__ F__；

如图3.14所示，增量值指令时，地址U、W后的数值的方向，由轨迹1和2的方向来决定。在上述循环中，U是负，W也是负。在单程序段时，使用循环程序进行1，2，3，4动作。

用下述指令，可以进行圆锥切削循环。
G90 X(U)__ Z(W)__ R__ F__；

锥面切削循环如图3.15所示，使用增量值指定时，地址U、W、R后的数值的符号和刀具轨迹的关系如图3.16~图3.18所示：

① U<0，W<0，R<0；
② U>0，W<0，R>0；

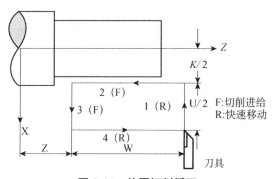

图3.14 外圆切削循环

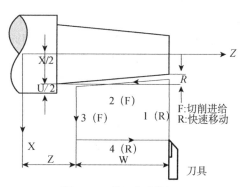

图3.15 锥面切削循环

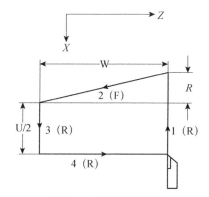

图3.16 增量值指定1

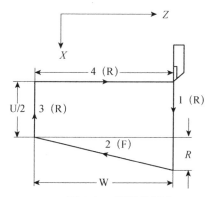

图3.17 增量值指定2

③ U<0，W<0，R>0，但，|R|≤|U/2|见图3.18（a）；
④ U>0，W<0，R<0，但，|R|≤|U/2|见图3.18（b）。

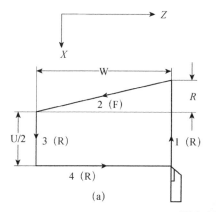

(a)

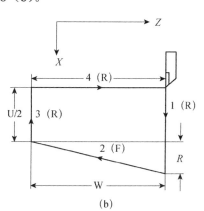

(b)

图3.18 增量值指定3

2. 螺纹切削循环（G92 切螺纹可以不需退刀槽）

用下述指令，可以进行直螺纹切削循环。

G92X（U）__Z（W）__F__；（公制螺纹）

G92X（U）__Z（W）__I__；（英制螺纹）

英制螺纹导程"I"为非模态指令。

G92 循环如图 3.19 所示，增量值指令的地址 U、W 后续数值的符号，根据地轨迹 1 和 2 的方向决定。即，如果轨迹 1 的方向是 X 轴的负向时，则 U 的数值为负。螺纹导程范围、主轴速度限制等与 G32 的螺纹切削相同。单程序段时，1，2，3，4 的动作单段有效。

注意：关于螺纹切削的注意事项，与 G32 螺纹切削相同。但是，螺纹切削循环中的进给保持的停止的情况为：进给保持……3 的动作结束后停止。

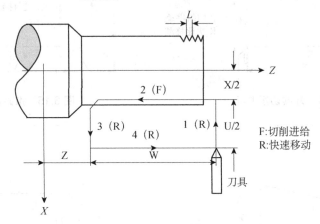

图 3.19　G92 循环

用下述指令，可以进行圆锥螺纹切削循环，如图 3.20 所示。

G92X（U）__Z（W）___R__F__；

G92X（U）__Z（W）___R__I__；

英制螺纹导程"I"为非模态指令。

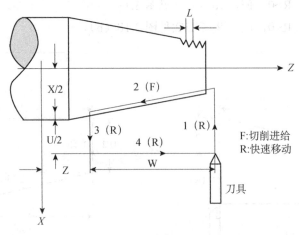

图 3.20　G92 锥螺纹循环

3．端面车削循环（G94）

（1）用下述指令，可以进行端面切削循环，如图 3.21 所示零件形状。

G94 X(U)__Z(W)__F__;

增量指定时，地址 U、W 后续数值的符号由轨迹 1 和 2 的方向来决定。即，如果轨迹 1 的方向是 Z 轴的负向，则 W 为负值。单程序段时，用循环起动进行 1，2，3，4 动作。

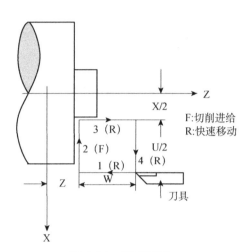

图 3.21　外圆循环　　　　　　　　　　　图 3.22　锥的循环

（2）用下述指令性时，可以进行锥度端面切削循环，零件形状如图 3.22 所示。

G94 X(U)__Z(W)__R__F__;

增量值指定时，地址 U、W、R 后续数值的符号和刀具轨迹的关系如下所示：
① U<0，W<0，R<0，见图 3.23（a）；
② U>0，W<0，R<0，见图 3.23（b）；

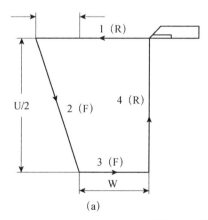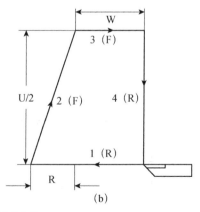

(a)　　　　　　　　　　　　　　　　(b)

图 3.23　锥循环符号判别方法 1

③ U<0，W<0，R>0（|R|≤|W|），见图 3.24（a）；
④ U>0，W<0，R>0（|R|≤|W|），见图 3.24（b）。

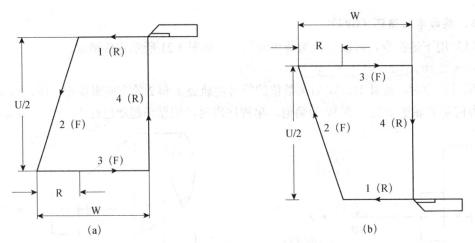

图 3.24 锥循环符号判别方法 2

注 1：在单一型固定循环中，对于 X（U），Z（W），R 的数据都是模态值，所以当没有指定新的 X（U），Z（W），R 时，前面指令的数据均有效；当指令了 G04 以外的非模态 G 代码或 G90，G92，G94 以外的 01 级的代码时，被清除。

实例 3-5：用 G90 和 G92 编程。

用下面的程序实现图 3.25（a）所示的循环。

N030 G90 U-8.0 W-66.0 F100;

N031 U-16.0;

N032 U-24.0;

N033 U-32.0;

用 G92 编程实现图 3.25（b）所示螺纹切削循环。

N050 G92 X19.2 Z-32.0 F1.5;

N060 X18.6;

N070 X18.2;

N080 X18.05;

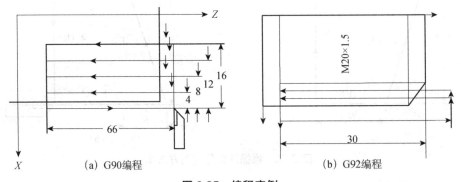

(a) G90编程　　　　　　　　(b) G92编程

图 3.25 编程实例

注 2：下述三种情况是允许的。

在固定循环的程序段后面是只有 EOB（;）的程序段或者无移动指令的程序时，则重复此固定循环。

用录入方式指定固定循环时，当此程序逻辑段结束后，只用启动按钮，可以进行和前面同样的固定循环。

在固定循环状态中，如果指定了 M，S，T，那么，固定循环可以和 M，S，T 功能同时进行。如果不巧，指定 M，S，T 后取消了固定循环（由于指令 G00，G01），请再次指定固定循环。

注3：固定循环的使用方法。

根据毛坯形状和零件形状，选择适当的固定循环。

① 圆柱切削循环，见图 3.26；
② 圆锥切削循环，见图 3.27；

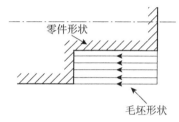

图 3.26　圆柱切削循环使用方法

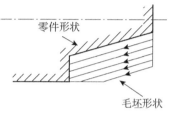

图 3.27　圆锥切削循环使用方法

③ 端面切削循环，见图 3.28；
④ 端面圆锥切削循环，见图 3.29。

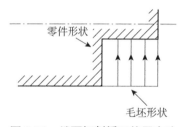

图 3.28　端面切削循环使用方法

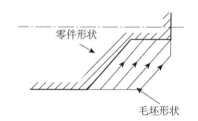

图 3.29　端面圆锥切削循环使用方法

三、FANUC 系统复合型车削固定循环（G70～G75）

G70～G75 是为更简化编程而提供的固定循环。例如，只给出精加工形状的轨迹，便可以自动决定中途进行粗车的刀具轨迹。

1．外圆粗车循环（G71）

外圆粗车循环如图 3.30 所示，在程序中，给出 A—A′—B 之间的精加工形状，留出 ΔU/2，ΔW 精加工余量，用 ΔD 表示每次的切削深量。

格式：

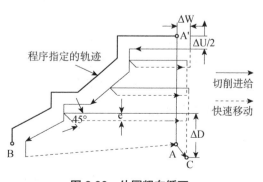

图 3.30　外圆粗车循环

G71 U (ΔD) R (E);
G71 P (NS) Q (NF) U (ΔU) W (ΔW) F (F) S (S) T (T);
N (NS) …
…

A→A′→B 的精加工形状的指令，由顺序号 NS 到 NF 的程序来指令，精加工形状的每条移动指令必须带行号。

N (NF) …
.F
S
T

ΔD：切深，无符号。切入方向由 AA′方向决定（半径指定）。该指定是模态的，一直到下个指定以前均有效。并且用参数（NO.051）也可指定，根据程序指令，参数值也改变。

E：退刀量。是模态值，在下次指定前均有效。用参数（No.052）也可设定，用程序指令时，参数值也改变。

NS：精加工形状程序段群的第一个程序段的顺序号。

NF：精加工形状程序段群的最后一个程序段的顺序号。

ΔU：X 轴方向精加工余量的距离及方向（直径/半径指定）。

ΔW：Z 轴方向精加工余量的距离及方向。

F，S，T：在 G71 循环中，顺序号 NS~NF 之间程序段中的 F，S，T 功能都无效，全部忽略，仅在有 G71 指令的程序段中，F，S，T 是有效的。

注 1：ΔD，ΔU 都用同一地址 U 指定，其区分是根据该程序段有无指定 P，Q 区别。

注 2：循环动作由 P，Q 指定的 G71 指令进行。

在 A 至 B 间的移动指令中，F，S 及 T 无效，G71 程序段或以前指令的 F，S，T 有效。另外，在带有恒线速控制选择功能时，在 A 到 B 间的移动指令中的 G96 或 G97 无效，在含 G71 或以前程序段指令的有效。

用 G71 切削的形状有四种情况。无论哪种都是根据刀具平行 Z 轴移动进行切削的，ΔU，ΔW 的符号如图 3.31 所示。

在 A 至 A′间，顺序号 NS 的程序段中，可含有 G00 或 G01 指令，但不能含有 Z 轴指令。在 A′至 B 间，X 轴，Z 轴必须都是单调增大或减小。

注 3：在顺序号 NS 到 NF 的程序段中，不能调用子程序。

2．端面粗车循环（G72）

如图 3.32 所示，与 G71 相同，G72 用与 X 轴平行的动作进行切削，程序如下：
G72 W (ΔD) R (E);
G72 P (NS) Q (NF) U (ΔU) W (ΔW) F (F) S (S) T (T);
ΔD，E，NS，ΔU，ΔW，F，S，T 和 G71 相同。

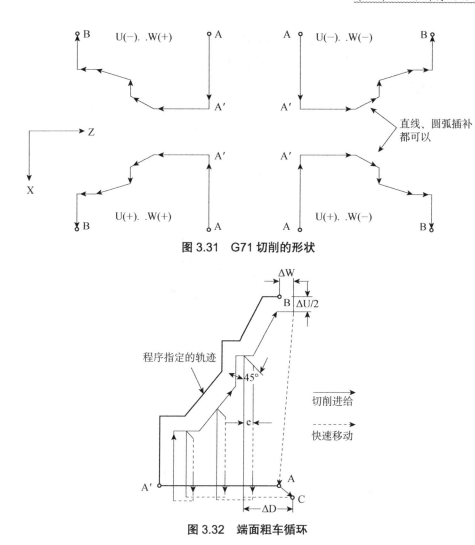

图 3.31 G71 切削的形状

图 3.32 端面粗车循环

用 G72 切削的形状，有四种情况。无论哪种，都是根据刀具重复平行于 X 轴的动作进行切削。ΔU，ΔW 的符号如图 3.33 所示。

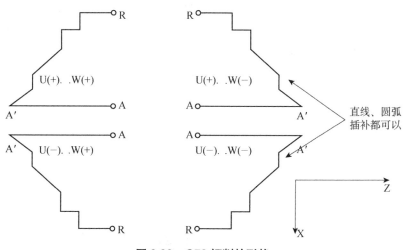

图 3.33 G72 切削的形状

在 A 至 A'之间，在顺序号 NS 的程序段中，可含有 G00 或 G01 指令，但不能含有 X 轴的指令。在 A'至 B 之间，X 轴，Z 轴方向必须都是单调增大或减小的图形。

3．封闭切削循环（G73）

利用封闭切削循环，可以按同一轨迹重复切削，每次切削刀具向前移动一次，因此对于锻造、铸造等粗加工已初步形成的毛坯，可以高效率地加工。

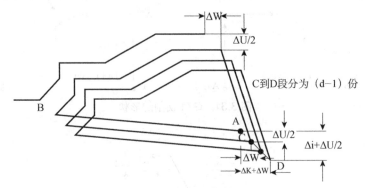

图 3.34 封闭切削循环

程序中指令的图形如图 3.34 所示，A 点—A'点—B 点，程序如下：

G73 U（ΔI）W（ΔK）R（D）;
G73 P（NS）Q（NF）U（ΔU）W（ΔW）F（F）S（S）T（T）;

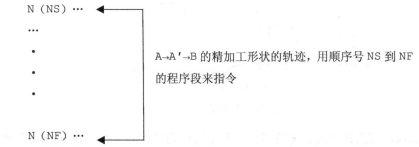

ΔI：X 轴方向退刀的距离及方向（半径指定）。这个指定是模态的，一直到下次指定前均有效。并且，用参数（No53）也可设定，根据程序指令，参数值也改变。

ΔK：Z 轴方向退刀距离及方向。这个指定是模态的，一直到下次指定之前均有效。另外，用参数（No054）也可设定，根据程序指令，参数值也改变。

D：分割次数等于粗车次数。该指定是模态的，直到下次指定前均有效。也可以用参数（No055）设定，根据程序指令，参数值也改变。

NS：构成精加工形状的程序段群的第一个程序段的顺序号。

NF：构成精加工形状的程序段群的最后一个程序段的顺序号。

ΔU：X 轴方向的精加工余量（直径/半径指定）。

ΔW：Z 轴方向的精加工余量。

F，S，T：在 NS～NF 间任何一个程序段上的 F，S，T 功能均无效，仅在 G73 中指定的 F，S，T 功能有效。

注 1：ΔI，ΔK，ΔU，ΔW 都用地址 U，W 指定，它们的区别，根据有无指定 P，Q 来判断。

注 2：循环动作 G73 指令的 P，Q 来进行。切削形状可分为四种，编程时请注意 ΔU, ΔW, ΔI, ΔK 的符号。循环结束后，刀具就返回 A 点。

4．精加工循环（G70）

在用 G71，G72，G73 粗车后时，可以用下述指令精车。

G70 P（NS）Q（NF）；

NS：构成精加工形状的程序段群的第一个程序段的顺序号。

NF：构成精加工形状的程序段群的最后一个程序段的顺序号。

NS 与 NF 顺序号之间只有包含五个程序段。

注 1：在含 G71，G72，G73 程序段中指令的 F，S，T 对于 G70 的程序段无效，而顺序号 NS～NF 间指令的 F，S，T 为有效。

注 2：G70 的循环一结束，刀具就用快速进给返回始点，并开始读入 G70 循环的下个程序段。

注 3：在 G70～G73 间被使用的顺序号 NS～NF 间程序段中，不能调用子程序。

实例 3-6：如图 3.35 所示，用复合型固定循环 G71 的编程。

程序如下：

O0001（直径指定，公制输入）

N010 G98 M3 S300;（主轴正转,转速 300r/min）

N040 T0101；（调入粗车刀）

N050 G00 X160.0 Z180.0；

N060 G71 U4.0 R1.0

N070 G71 P080 Q120 U0.20 W2.0 F100 S200;

N080 G00 X40.0;

N090 G01 Z140.0 F100 S200；

N100 X60.0 W-30.0；

N110 W-20.0；

N120 X100.0 W-10.0；

N130 G00 X200.0 Z220.0

N140 T0202；

N150 G00 Z175.0；

N160 G70 P80 Q120；

N170 G00 X200.0 Z220.0

N200 M30；

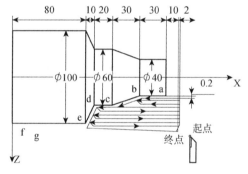

图 3.35 实例 3-6 图

实例 3-7：如图 3.36 所示，用复合固定循环（G70，G72）的编程。程序如下：

O0002；

N010 G98 M03 S200；

N015 T0202；

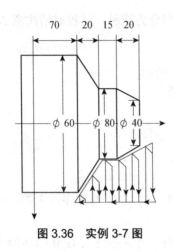

图3.36 实例3-7图

N020 G00 X176.0 Z132.0;
N030 G72 W7.0 R1.0;
N040 G72 P050 Q090 U4.0 W2.0 F100 S200;
N050 G00 Z70.0 S200;
N060 G01 X160.0 F120;
N070 X80.0 W20.0;
N080 Z105.0;
N090 X40.0 Z125.0;
N100 G00 X220.0 Z190.0;
N105 T0303;
N107 G00 X176.0 Z132.0;
N110 G70 P050 Q090;
N120 G00 X220.0 Z190.0;
N150 M30;

实例3-8：如图3.37所示，用复合固定循环（G73，G70）编程。程序如下：

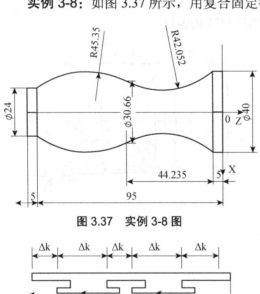

图3.37 实例3-8图

O0003
N010 G98 M3 S500;（主轴正转，转速300r/min）
N040 T0101;（调入粗车刀）
N050 G00 X42.0 Z2.0;
N060 G73 U9.0 R4;
N070 G73 P080 Q130 U0.20 W0.0 F100 S400;
N080 G00 X40.0;
N090 G01 Z-5.0;
N100 G02 X30.66 W-44.235 R42.052;
N110 G03 X24.0 Z-95.0 R45.35;
N120 G01 W-5.0;
N130 X42.0;
N140 G70 P80 Q130;
N150 G00 X200.0 Z220.0;
N160 M30;

5. 端面深孔加工循环（G74）

按照下面程序指令，进行如图3.38所示的动作。在此循环中，可以处理外形切削的断屑，另外，如果省略X（U），P，只是Z

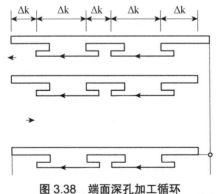

图3.38 端面深孔加工循环

轴动作，则为深孔钻循环。

G74 R（e）；
G74 X（U）Z（W）P（Δi）Q（Δk）R（Δd）F（f）；

e：每次沿 Z 方向切削 Δk 后的退刀量。另外，没有指定 R（e）时，用参数（No056）也可以设定，根据程序指令，参数值也改变。

X：B 点的 X 方向绝对坐标值。

U：A 到 B 的增量。

Z：C 点的 Z 方向绝对坐标值。

W：A 到 C 的增量。

Δi：X 方向的每次循环移动量（无符号）（直径）。

Δk：Z 方向的每次切削移动量（无符号）。

Δd：切削到终点时 X 方向的退刀量（直径），通常不指定，省略 X（U）和 ΔI 时，则视为 0。

f：进给速度。

注 1：e 和 Δd 都用地址 R 指定，它们的区别根据有无指定 X（U），也就是说，如果 X（U）被指令了，则为 Δd。

注 2：循环动作用含 X（U）指定的 G74 指令进行。

6．外圆、内圆切槽循环（G75）

按照 G75 端面深加工循环程序指令，进行如图 3.39 所示的切削动作。相当于在 G74 指令中，把 X 和 Z 相调换，由这个循环可以进行端面的断屑处理，并且可以实现 X 轴向切槽或 X 向排屑钻孔（省略 Z、W、Q）。

G75R（E）；

G75X（U）Z（W）P（ΔI）Q（ΔK）R（ΔD）F（F）；

e：每次沿 Z 方向切削 Δi 后的退刀量。另外，用参数（No056）也可以设定，根据程序指令，参数值也改变。

X：C 点的 X 方向绝对坐标值。

U：A 到 C 的增量。

Z：B 点的 Z 方向绝对坐标值。

W：A 到 B 的增量。

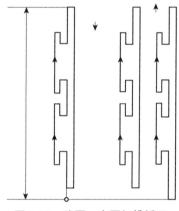

图 3.39　外圆、内圆切槽循环

Δi：X 方向的每次循环移动量（无符号）（直径）。

Δk：Z 方向的每次切削移动量（无符号）。

Δd：切削到终点时 Z 方向的退刀量，通常用不指定，省略 X（U）和 ΔI 时，则视为 0。

f：进给速度。

G74，G75 都可用于切断、切槽或孔加工，可以使刀具进行自动退刀。

7．复合型固定循环（G70～G75）的注意事项

① 在指定复合型固定循环的程序段中，P，Q，X，Z，U，W，R 等必要的参数，在每个程序段中必须正确指令。

② 在 G71，G72，G73 指令的程序段中，如果有 P 指令了顺序号，那么对应此顺序号的程序段必须指令 01 组 G 代码的 G00 或 G01，否则 P/S 报警（No65）。

③ 在 MDI 方式中，不能执行 G70，G71，G72，G73 指令。如果指令了，则 P/S 报警（No67）。G74，G75 可以执行。

④ 在指令 G70，G71，G72，G73 的程序段以及这些程序段中的 P 和 Q 顺序号之间的程序段中，不能指令 M98，M99。

⑤ 在 G70，G71，G72，G73 程序段中，用 P 和 Q 指令顺序号的程序段范围内，不能有下面指令：除 G04（暂停）外的一次性代码；G00，G01，G02，G03 以外的 01 组代码；06 组 G 代码；M98，M99。

在执行复合固定循环（G70~G75）中，可以使动作停止。

四、刀尖半径补偿（G41，G42，G40）

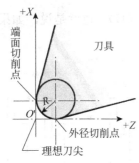

图 3.40 车刀的理想刀尖及刀尖圆弧

1. 为什么要用刀尖半径补偿

编程时，通常都将车刀刀尖作为一点来考虑，但实际上刀尖处存在圆角，当用按理论刀尖点编出的程序进行端面、外径、内径等与轴线平行或垂直的表面加工时，是不会产生误差的。但在进行倒角、锥面及圆弧切削时，则会产生少切或过切现象，具有刀尖圆弧自动补偿功能的数控系统能根据刀尖圆弧半径计算出补偿量，避免少切或过切现象的产生。

车刀的理想刀尖及刀尖圆弧如图 3.40 所示，车削锥面产生的加工误差如图 3.41 所示。

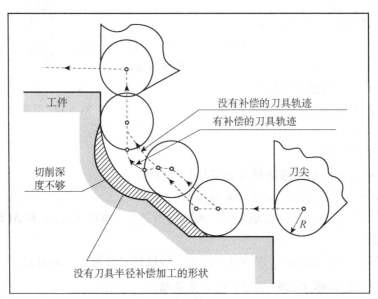

图 3.41 车削锥面产生的加工误差

2. 刀具半径补偿的建立或取消指令

G41——刀具半径左补偿；

G42——刀具半径右补偿；

G40——取消刀具半径补偿。

说明：

① 刀具半径补偿建立或取消指令必须在直线运动指令（G00，G01）中进行，在编程时通常在切入工件前的一直线段指令中加刀具半径补偿，在退出工件后的直线段指令中取消刀具半径补偿。

② 如果指令刀具在刀尖半径大于圆弧内侧移动，程序将出错。

③ 由于系统内部只有两个程序段的缓冲存储器，因此在执行刀具半径补偿的过程中，不允许在程序里连续编制两个以上没有移动的指令，以及单独编写的 M，S，T 程序段等。

3．刀具半径补偿的方向

操作者沿着刀具路径前进方向看刀具偏在零件左侧进给为左补偿，刀具偏在零件右侧进给为右补偿。因为数控车床有前置与后置刀架的区分，所以前置刀架和我们看到的方向正好相反。后置刀架刀尖半径补偿方向见图 3.42，前置刀架刀尖半径补偿方向如图 3.43 所示。

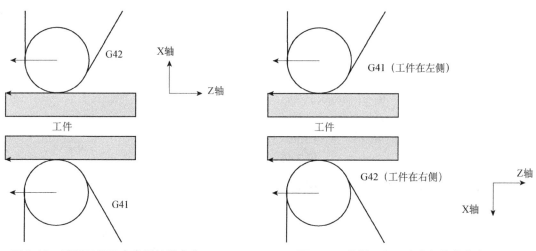

图 3.42　后置刀架刀尖半径补偿方向　　　　图 3.43　前置刀架刀尖半径补偿方向

4．刀具半径补偿在机床中的建立

在加工工件之前，要把刀尖半径补偿的相关数据输入到机床存储器中，以便数控系统对刀尖的圆弧半径引起的误差进行自动补偿。

（1）刀尖半径

工件的形状与刀尖半径的大小有直接的关系，必须将刀尖圆弧半径 R 输入到存储器中。

（2）车刀的形状与位置参数

车刀的形状有很多，它决定刀尖圆弧所处的位置，因此也要把代表车刀形状和位置的参数输入到存储器中。将车刀的形状和位置参数称为刀尖方位 T。车刀的形状与位置共有 9 种，如图 3.44 所示。

（3）参数输入

与每个刀具补偿号相对应的有一组 X 和 Z 的刀具位置补偿值、刀尖圆弧半径 R 以及刀尖方位 T 值，程序中用到刀尖圆弧半径补偿时，就要输入相应的刀尖半径，与刀具位置数，如图 3.45 所示。

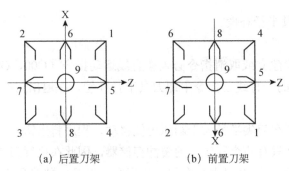

(a) 后置刀架　　　　　　(b) 前置刀架

图 3.44　车刀形状与位置

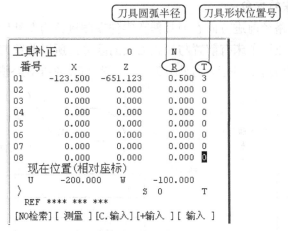

图 3.45　参数输入

实例 3-9：某程序中编入以下程序段：

N40 G00 G42 X100 Z3 T0101;

若此时输入刀具补偿号为 01 的参数，CRT 屏幕上显示如图 3.45 所示的内容。在自动加工工件的过程中，数控系统将按照 01 刀具补偿栏内的 X，Z，R，T 的数值，自动修正刀具的位置误差和自动进行刀尖圆弧半径补偿。

五、数控车床宏程序——FANUC 系统宏程序简介

1. 宏程序定义

利用数控系统提供的变量、数学运算功能、逻辑判断、条件转移等功能编写的加工程序。

2. 宏程序中的变量

一个普通的零件加工程序指定 G 码并直接用数字值表示移动的距离，例如 G100 X100.0。而利用用户宏，既可以直接使用数字值也可以使用变量号。当使用变量号时，变量值既可以由程序改变，也可以用 MDI 面板改变。

（1）变量的表示

计算机允许使用变量名，宏程序不可以。变量用变量符号（#）和后面的变量号指定，例如#1。表达式可用于指定变量号，表达式必须封闭在方括号里，例如# [#1+#2-12]。

（2）变量的类型

根据变量号将变量分为四类，见表3.6。

表3.6 变量的类型

变量号	变量类型	功　能
#0	空变量	该变量总是空，没有值能赋给该变量
#1～#33	局部变量	只能用在宏程序中存储数据，例如，运算结果。当断电时局部变量被初始化为空。调用宏程序时，自变量对局部变量赋值
#100～#199 #500～#999	公共变量	在不同的宏程序中的意义相同。当断电时，变量#100～#199 初始化为空。变量#500～#999 的数据保存，即使断电也不丢失
#1000～	系统变量	用于读和写CNC 运行时各种数据的变化，例如刀具的当前位置和补偿值

（3）变量值的范围

局部变量和公共变量可以有 0 值或-10^{47}～-10^{-29}中的一个，或10^{-29}～10^{47}中的一个，如果计算结果超出有效范围则发出 P/S 报警。

（4）变量的引用

将跟随在一个地址后的数值用一个变量来代替，即引入了变量。

例：对于 F#103，若#103=50 时，则为 F50；

对于 Z-#110，若#110=100，则 Z 为-100；

对于 G#130，若#130=3 时，则为 G03。

为了在程序中使用变量，指定后面跟变量号的地址。当用表达式指定一个变量时，须用方括号括起来。例：G01 X［#1+#2］F#3。

引用的变量值根据地址的最小输入增量自动舍入。例：G00 X#1；其中#1 值为 12.3456，CNC 最小输入增量为 1/1000mm，则实际指令值为 G00 X12.346。

改变引用的变量值的符号，要把"-"号放在（#）前面。例：G00 X-#1。

当引用未定义的变量时，变量及地址字都被忽略。例：#1=0，#2="空"，则 G00 X#1 Y#2；的执行结果是 G00 X0。

（5）变量的算术与逻辑运算

表 3.7 中列出的运算可以在变量中执行，运算符右边的表达式可包含常量和（或）由函数或运算符组成的变量。表达式中的变量#J 和#K 可以用常数赋值左边的变量，也可以用表达式赋值。

表3.7 变量的算术与逻辑运算

功能	格式	备注
定义	#i=#j	
加法 减法 乘法 除法	#i=#j+#k; #i=#j-#k; #i=#j*#k; #i=#j/#k;	
正弦 反正弦 余弦 反余弦	#i=SIN［#j］; #i=ASIN［#j］; #i=COS［#j］; #i=ACOS［#j］;	角度以度指定。90°30′表示为 90.5 度

（续表）

功能	格式	备注
正切 反正切	#i=TAN [#j]; #i=ATAN [#j] / [#k];	
平方根 绝对值 舍入 上取整 下取整 自然对数 指数函数	#i=SQRT [#j]; #i=ABS [#j]; #i=ROUND [#j]; #i=FIX [#j]; #i=FUP [#j]; #i=LN [#j]; #i=EXP [#j];	
或 异或 与	#i=#j OR #k; #i=#j XOR #k; #i=#j AND #k;	逻辑运算一位一位地按二进制数执行。
从BCD转为BIN 从BIN转为BCD	#i=BIN [#j]; #i=BCD [#j];	用于与PMC的信号交换

3. 转移与循环语句

在程序中，使用某些语句可以改变控制的流向，有 3 种转移和循环操作可供使用，如图 3.46 所示。

图 3.46 转移和循环语句

（1）无条件转移指令

其编程格式为：

GOTO n; n 为顺序号（1～99999）

例如：

GOTO1;

GOTO #10;

（2）条件转移指令

① IF［条件表达式］GOTO n

如果指定的条件表达式满足时，转移到标有顺序号 n 的程序段；如果指定的条件表达式不满足，执行下个程序段，执行顺序如图 3.47 所示。

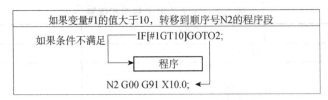

图 3.47 条件转移指令执行顺序

② IF［条件表达式］THEN

如果条件表达式满足，执行预先决定的宏程序语句，只执行一个宏程序语句，如图 3.48 所示。

| 如果#1 和#2 的值相同，0 赋给#3 |
| IF [#1 EQ #2] THEN #3=0 |

图 3.48　IF…THEN…表达式执行顺序

条件表达式必须包括算符，算符插在两个变量中间或变量和常数中间，并且用括号 [ ] 封闭，表达式可以替代变量。

运算符由 2 个字母组成，用于两个值的比较，以决定它们是相等还是一个值小于或大于另一个值。注意，不能使用不等号。常用的运算符及其含义见表 3.8。

表 3.8　宏程序常用的运算符及其含义

运算符	含义
EQ	等于（=）
NE	不等于（≠）
GT	大于（>）
GE	大于或等于（≥）
LT	小于（<）
LE	小于或等于（≤）

实例 3-10：IF [条件表达式] 编程。

下面的程序用于计算数值 1～10 的总和。

O9500
#1=0;　　　　　　　　　　　存储和数变量的初值
#2=1;　　　　　　　　　　　被加数变量的初值
N1 IF [#2 GT 10] GOTO 2;　　当被加数大于 10 时转移到 N2
#1=#1+#2;　　　　　　　　　计算和数
#2=#2+#1;　　　　　　　　　下一个被加数
GOTO 1;　　　　　　　　　　转到 N1
N2 M30;　　　　　　　　　　程序结束

（3）循环语句

其编程格式为：

WHILE [条件表达式] DO m (m =1, 2, 3)
　⋮
END m

"WHILE…END m" 程序的含义为：条件表达式满足时，程序段 DO m 至 END m 即重复执行；条件表达式不满足时，程序转到 END m 后执行。如果 WHILE [条件表达式] 部分被省略，则程序段 DO m～END m 之间的部分将一直重复执行。其执行顺序如图 3.49 所示。

图 3.49　WHILE…END 语句执行顺序

注意：WHILE DO m 和 END m 必须成对使用；DO 语句允许有 3 层嵌套，DO 语句范围不允许交叉。

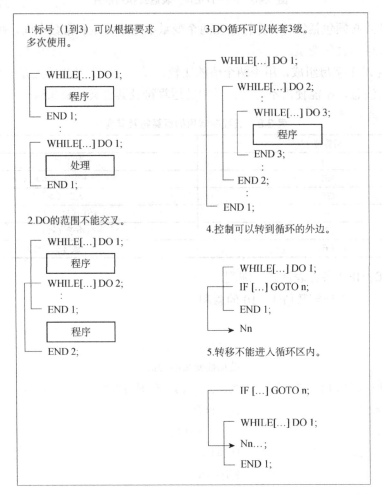

实例 3-11：WHILE［条件表达式］编程。

下面的程序用于计算数值 1～10 的总和。

```
O0001
#1=0;
#2=1;
WHILE [#2 LT 10] DO1;
#1=#1+#2;
#2=#2+1
END1;
M30;
```

4．用户宏程序应用实例

（1）参数编程

参数编程用于系列零件的加工，此系列零件形状相同，但有部分尺寸不同。如果将这些不同的尺寸用宏变量（参数）形式给出，由程序自动对相关节点坐标进行计算，则可用同一程序完成一个系列零件的加工。

实例3-12：用户宏程序应用实例。

以图3.50所示零件为例，该系列零件的右端面半球球径可取*R*15和*R*10，可将球径用变量表示。编程零件设在工件右端面中心，棒料ϕ45。

从图中可以看出，编程所需节点，除A、D、E三点外，B、C点均与球径R有关。下面给出各节点坐标，见表3.9。

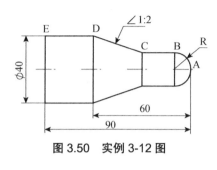

图3.50 实例3-12图

表3.9 例3-12表

编号	坐标值	
	X	Z
A	0	0
B	2R	-R
C	2R	-（60-2×（20-R））=20-2R
D	40	-60
E	40	-90

加工程序如下：

O1001
G98S500M3;
T0101;
G00X45 Z2;
#1=15;
G71 U2 R1;
G71 P10 Q20 U1 W0.2 F100 S750;
N10 G0 X0 S1200;
G3 X[2*#1] Z-#1 R#1 F60;
G1 Z[-20-2*#1];
　　X40 Z-60;
　　Z-100;
N20　X45;
G70 P10 Q20;
G0 X200 Z200;
M30;

（2）方程曲线的车削加工

在实际车削加工中，有时会遇到工件轮廓是某种方程曲线的情况，此时可采用宏程序完成方程曲线的加工。

① 方程曲线车削加工的走刀路线。

粗加工：应根据毛坯的情况选用合理的走刀路线。对棒料、外圆切削，应采用类似G71

的走刀路线；对盘料，应采用类似 G72 的走刀路线。对内孔加工，选用类似 G72 的走刀路线较好，此时镗刀杆可粗一些，易保证加工质量。

精加工：一般应采用仿形加工，即半精车、精车各一次。

② 椭圆轮廓的加工。

对椭圆轮廓，其方程有两种形式。对粗加工，采用 G71/G72 走刀方式时，用直角坐标方程（见图 3.51（a））比较方便；而精加工（仿形加工）用极坐标方程（见图 3.51（b））比较方便。

● 直角坐标方程：

$$\frac{x^2}{4a^2}+\frac{z^2}{b^2}=1$$

$$z = b\sqrt{1-\frac{x^2}{4a^2}}$$

(a)

● 极坐标方程 $\begin{cases} x = 2a \cdot \sin\theta \\ z = b \cdot \cos\theta \end{cases}$

a——X 向椭圆半轴长；
b——Z 向椭圆半轴长；
θ——椭圆上某点的圆心角，零角度在 Z 轴正向。

(b)

图 3.51 直角坐标方程与极坐标方程

实例 3-13：方程曲线的车削加工。

加工图 3.52 所示椭圆轮廓，棒料 $\Phi45$，编程零点放在工件右端面。

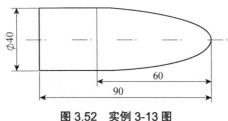

图 3.52 实例 3-13 图

加工程序如下：

```
O200
G98 S700 M3;
T0101;
G0 X41 Z2;
G1 Z-100 F150;        粗加工开始
G0 X42;
    Z2;
#1=20*20*4;
#2=60;
#3=35;                X 初值（直径值）
WHILE [#3 GE 0] DO1;  粗加工控制
#4=#2*SQRT [1-#3*#3/#1];  Z
G0 X [#3+1];          进刀
G1 Z [#4-60+0.2] F150;  切削
G0 U1;                退刀
    Z2;               返回
#3=#3-4;              下一刀切削直径
END1;

#10=0.8;              X 向精加工余量
#11=0.1;              Z 向精加工余量
WHILE [#10 GE 0] DO1; 半精精加工控制
```

```
G0 X0 S800;                       进刀,准备精加工
#20=0;                            角度初值
WHILE [#20 LE 90] DO2;            曲线加工
  #3=2*20*SIN [#20];              X
  #4=60*COS [#20];                Z
  G1X [#3+#10] Z [#4+#11-40] F100;
  #20=#20+1;
  END2;
  G1 Z-100;
  G0 X45 Z2;
  #10=#10-0.8;
#11=#11-0.1;
END1;
G0 X100 Z200;
M30;
```

第四节　FANUC0i 系统数控车床加工实例

一、外圆类零件加工

实例 3-14：需加工的工件如图 3.53 所示，材料为 φ30×1000 的铝棒，数量为 100 件。

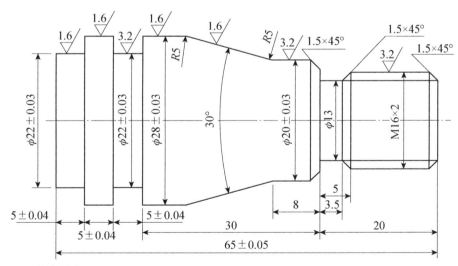

技术要求：
1. 不使用砂布及锉刀等锉削表面。
2. 螺纹中段公差为0.05。
3. 要求一次装夹完成。
4. 未注圆角0.5。

图 3.53　实例 3-14 图

① 零件的定位基准是被加工件的外圆表面，采用三爪自定心卡盘装夹。

② 使用 4 把车刀，1 号刀选主偏角为 93°的外圆粗车刀，2 号刀选主偏角为 93°的外圆精车刀，3 号刀为切断刀，4 号刀选用刀尖角为 60°的外圆三角螺纹车刀。

③ 采用试切对刀，加工顺序按由粗到精、由近到远的原则确定。即先从右到左进行粗车（留 0.2mm 的精车余量），然后从右到左进行精车，再车削 M16×2 螺纹，最后用切断刀完成切槽、Φ22 外圆及切断。

参数选取：粗车的切削深度为 1mm，主轴转速为 500r/min，进给速度为 80mm/min；精车的主轴转速为 800r/min，进给速度为 70mm/min；螺纹切削的主轴转速为 400r/min；切断刀加工时的主轴转速为 600r/min，进给速度为 30mm/min。刀刀宽为 4mm，实操时应以实际测量宽度为准）。

因所要求的加工数量为 100 件，为提高效率，不能每加工一件都要试切对刀一次，故编程时考虑右端面的切削应采用自动加工方式。

④ 坐标值计算（略）。

⑤ 通过工艺分析，采取以下几点工艺措施。

● 对图样上给定的几个精度要求较高的尺寸，因上、下偏差绝对值相同，故编程时取平均值或其基本尺寸结果都一样。

● 粗车及精车选用主偏角为 93°的外圆车刀，为防止副后刀面与工件轮廓干涉，副偏角不宜太小，应选 $\kappa_r' \geqslant 45°$。

● 为简化编程，粗车时使用 G71 复合车削循环，车螺纹时使用 G76 螺纹切削复合循环（螺距大于 1.5mm 采取侧向进刀可以改善排屑状况）。

● 为减少刀具数量和换刀次数，用切断刀完成切槽、φ22 外圆及切断（并假定切断）。

⑥ 参考程序

程序	说明
N10 G98M03S500	主轴正转，转速 500r/min
N20 T0101	选用 1 号刀 1 号刀补
N30 G00X32Z2	快速定位至切削循环起点
N40 G71U1R1	
N50 G71P60Q160U0.2W0.1F80	外圆切削循环加工
N60 G42 G00 X0	加入刀尖半径右补偿
N70 G01 Z0 F70	
N80 X16 C1.5	倒直角 C1.5
N90 Z-15	
N100 X13 Z-16.5	
N110 Z-20	
N120 X20 C1.5	倒直角 C1.5
N130 G01 Z-28 R5	加工 R5 的圆弧
N140 G01 X28 Z-42.928 R9	加工 R9 的圆弧
N150 Z-69	
N160 X30	
N170 G00 G40X100Z100	退刀，取消刀尖圆弧半径补偿

N180 T0202S800	换2号刀2号刀补
N190 G00X32Z2	快速定位至循环起点
N200 G70P60Q160	外圆精加工
N210 G00 G40X100 Z100	退刀，取消刀尖圆弧半径补偿
N220 T0404 M03 S600	换4号刀4号刀补
N230 G00 X20 Z3	定位至螺纹加工循环起点
N240 G76P011060Q100R0.2	
N250 G76X13.4 Z-17.5 P1300 Q900 F2	螺纹加工循环
N260 G00 X100 Z100	
N270 T0303	换3号刀3号刀补
N280 G00 X30 Z-50	定位至切槽起点
N290 G01 X22.5 F30	切槽
N300 G00 X30	退刀
N310 Z-52	定位第二刀
N320 G01 X22	切槽
N330 Z-50	
N340 G00 X30	
N350 Z-60	
N360 G01 X22.5	
N370 G00 X30	
N380 Z-63	
N390 G01 X22.5	
N400 G00 X30	
N410 Z-65	
N420 G01 X22.5	
N430 G00 X30	
N440 Z-60	
N450 G01 X22	
N460 Z-65	
N470 X0	切断
N480 G00 X100	X方向退刀
N490 Z100	Z方向退刀
N500 T0100	取消刀补
N510 M30	程序结束

二、内孔类零件加工

实例 3-15：编程加工图 3.54 所示套类零件，毛坯为外径 $\phi 100$，棒料，材料为 45 钢。

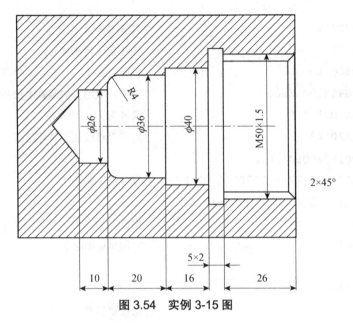

图 3.54 实例 3-15 图

① 零件的定位基准是被加工件的外圆表面,采用三爪自定心卡盘装夹,工件坐标系原点放在工件右端面。

② 刀架使用 4 把车刀,1 号刀选主偏角为 93°的内孔车刀,2 号刀选内孔切槽刀,3 号刀为内孔螺纹刀,4 号刀为端面车刀尾座使用 $\phi 25$ 的麻花钻和 1.0 中心钻。

③ 先用 4 号端面车刀平端面,然后用中心钻钻中心孔,再用麻花钻钻 $\phi 25$ 的毛坯孔,深度为 78;然后用 1 号刀内孔刀粗精加工内孔,换 2 号切槽刀切 5×2 的槽,最后用 3 号内螺纹刀分四刀加工 M50×1.5 的螺纹。

④ 参考程序如下。

```
G98M03S500;
T0101;
G00X25.Z2.;
G71U1.5R1.;
G71P10Q20U-0.5W0F80;
N10G41G00X52.05;
G01Z0;
X48.05Z-2.;
Z-31.;
X40;
Z-47.;
X36.;
Z-63.;
G03X28.Z-67.R4.;
G01X26.;
N20G40Z-77.
T0202;
G00X47.Z2.;
Z-30.;
G01X54.;
X47.;
Z-31.;
X54.;
X47.;
G00Z2.;
X100.Z100.;
T0303;
G00X47.Z2.;
G92X48.85Z-27.F1.5;
X49.45;
X49.85;
X50.;
```

```
G70P10Q20;                          G00X100.Z100.;
G00X100.Z100.;                      M30;
```

第五节 SIEMENS—802D 系统数控车床功能简介

一、准备功能 G 指令

SIEMENS—802D 系统 G 指令介绍见表 3.10。

表 3.10 SIEMENS—802D 系统 G 指令

分类	分组	代码	意义	格式	参数意义
插补	1	G0	快速插补（笛卡儿坐标）	G0 X... Z...	
		G1*	直线插补（笛卡儿坐标）	G1 X... Z... F...	
		G2	在圆弧轨迹上以顺时针方向运行	G2 X... Z... I... K...F	圆心和终点
				G2 X...Z...CR=... F...	半径和终点
				G2 AR=... I... K...F	张角和圆心
				G2 AR=...X...Z...F	张角和终点
		G3	在圆弧轨迹上以逆时针方向运行	G3 X... Z... I... K...F	圆心和终点
				G3 X...Z...CR=... F...	半径和终点
				G3 AR=... I... K...F	张角和圆心
				G3 AR=...X...Z...F	张角和终点
		G33	恒螺距的螺纹切削	G33Z...K...SF=...	圆柱螺纹
				G33X...I...SF=...	横向螺纹
				G33Z...X...K...SF=...	锥螺纹，Z 方向位移大于 X 方向位移
				G33Z...X...I...SF=...V	锥螺纹，X 方向位移大于 Z 方向位移
增量设置	14	G90*	绝对尺寸	G90	
		G91	增量尺寸	G91	
单位	13	G70	英制尺寸	G70	
		G71*	公制尺寸	G71	
选择工作面	6	G17	工作面 X/Y（在加工中心孔时要求）	G17	
		G18*	工作面 Z/X	G18	
	3	G53	按程序段方式取消可设定零点设置	G53	
工件坐标	8	G500*	取消可设定零点设置	G500	
		G54	第一可设定零点偏值	G54	
		G55	第二可设定零点偏值	G55	
		G56	第三可设定零点偏值	G56	
		G57	第四可设定零点偏值	G57	
		G58	第五可设定零点偏值	G58	
		G59	第六可设定零点偏值	G59	

(续表)

分类	分组	代码	意义	格式	参数意义
	2	G74	回参考点（原点）	G74 X...Z...	
		G75	回固定点	G75 X...Z...	
刀具补偿	7	G40*	刀尖半径补偿方式的取消	G40	在指令 G40，G41 和 G42 的一行中必须同时有 G0 或 G1 指令（直线），且要指定一个当前平面内的一个轴。如在 XY 平面下，N20 G1 G41 Y50
		G41	调用刀尖半径补偿，刀具在轮廓左侧移动	G41	
		G42	调用刀尖半径补偿，刀具在轮廓左侧移动	G42	
	15	G94	进给率 F，单位为 mm/min	G94	
		G95	主轴进给率 F，单位为 mm/r	G95	
	18	G450*	圆弧过渡，即刀补时拐角走圆角	G450	
		G451	等距线的交点，刀具在工件转角处切削	G451	
	2	G4	暂停时间	G4 F...或者 G4 S...	

二、辅助功能 M 指令

辅助功能 G 指令介绍见表 3.11。

表 3.11　M 指令

M 指令	功能	M 指令	功能
M00	程序停止	M09	冷却关
M01	条件程序停止	M08	冷却开
M03	主轴正转	M02	程序结束
M04	主轴反转	M30	程序结束并返回程序头
M05	主轴停止		

三、F，T，S 功能

1．F 功能

F 指令的功能：指定进给速度。

每转进给（G95）：系统开机状态为 G95 功能，只有输入 G94 指令后，G95 才被取消。在含有 G95 的程序段后面，在遇到 F 指令时，则认为 F 所指定的进给速度单位为 mm/r。

每分进给（G94）：在含有 G94 的程序段后面，在遇到 F 指令时，则认为 F 所指定的进给速度单位为 mm/min。G94 被执行一次后，系统将保持 G94 状态，直到被 G95 取消为止。

2．T 功能

T 指令具有刀具功能，用来定义刀具和换刀，在 SIEMENS—802D 系统中采用 T 刀具号+刀补号的形式来进行选刀和换刀，如 T2 D2 表示选用 2 号刀具和 2 号刀补。

3. S 功能

S 指令功能：主轴功能，指定主轴转速或速度。

恒表面车削速度控制（G96）：G96 是恒表面车削速度控制有效指令。系统执行 G96 指令后，S 后面的数值表示切削速度。为防止事故，必须限制主轴转速，SIEMENS 系统用 LIMS 来限制主轴转速。例如：G96 S100 LIMS=2500 表示切削速度是 100m/min，主轴转速限制在 2 500r/min 以内。

主轴转速控制（G97）：G97 是恒表面车削速度控制取消指令。系统执行 G97 指令后，S 后面的数值表示主轴每分钟的转数。例如：G97 S1000 表示主轴转速为 1000r/min，系统开机状态为 G97 状态。

F 功能、T 功能、S 功能均为模态指令。

第六节　SIEMENS—802D 系统数控车床的操作

一、SIEMENS—802D 系统数控车床机床操作面板

1．SIMENS—802D 操作面板

SIMENS—802D 操作面板如图 3.55 所示。

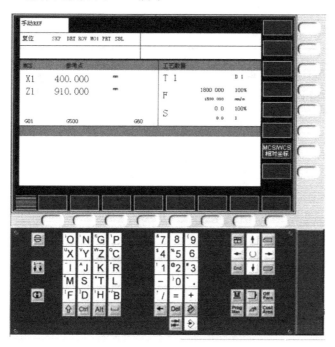

图 3.55　SIMENS—802D 操作面板

2．操作面板上各键功能

SIMENS—802D 操作面板上各键及功能见表 3.12。

表 3.12 SIMENS—802D 操作面板上各键及功能

按键	功能	按键	功能
ALARM CANCEL	报警应答键	CHANNEL	通道转换键
HELP	信息键	NEXT WINDOW	未使用
PAGE UP / PAGE DOWN	翻页键	END	
◀ ▲ ▶ ▼	光标键	SELECT	选择/转换键
POSITION	位置界面选择键	PROGRAM	程序编辑界面选择键
OFFSET PARAM	参数操作区域键（刀具补偿）	PROGRAM MANAGER	程序管理界面键
SYSTEM ALARM	报警/系统操作区域键	CUSTOM	
0	字母键 上档键转换对应字符	7	数字键 上档键转换对应字符
SHIFT	上档键	CTRL	控制键
ALT	替换键	␣	空格键
BKSPACE	退格删除键	DEL	删除键
INSERT	插入键	TAB	制表键
INPUT	回车/输入键		

3．SIMENS—802D 控制面板

图 3.56 所示为 SIMENS—802D 控制面板。

图 3.56 SIMENS—802D 控制面板

4．控制面板上各键功能

SIMENS—802D 控制面板上各键功能见表 3.13。

表 3.13 SIMENS—802D 控制面板上各键及功能

按键	功能	按键	功能
（VAR）	增量选择键	（JOG）	手动方式
（REF）	手动返回参考点	（AUTO）	自动方式
（SBL）	单段	（MDA）	手动数据输入
	主轴正转		主轴反转
	主轴停		
+Z -Z	Z 轴移动	+X -X	X 轴移动
（RESET）	复位键	（RAPID）	倍率叠加
	数控启动		数控停止
	急停键		进给速度修调
	主轴速度修调		

二、SIEMENS—802D 系统数控车床基本操作

1．手动返回参考点（REF）

具体操作步骤如下：

① 将方式选择开关置于返回参考点（REF）的方式。
② 将机床的快速移动倍率适当调低（在 60%左右）。
③ 按下+X 按键，直至系统位置界面下空白的圆圈变成零点的标识。
④ 按下+Z 按键，直至系统位置界面下空白的圆圈变成零点的标识。

2．MDA（手动数据输入）程序运行

① 按下机床操作面板上 MDA 按钮，在位置界面下会出现 MDA 缓冲区。
② 在缓冲区里输入要运行的指令。
③ 按循环启动（CYCLE START）键，运行指令。

3. 程序输入及调试

（1）程序的检索

程序检索用于查询浏览当前系统存储器内都存有哪些程序。802D 系统检索一个程序时比 FANUC 系统要简单，只需按程序管理（PROGRAMMANAGE）键，机床显示界面便切换至程序管理方式下。此界面显示了机床内存所存储的程序信息，若需要看一个程序的内容可把光标移至该程序处，然后按显示器右边的"打开"软键，即能看到程序的内容；若要删除一些用不到的程序可把光标移至该程序处，然后按"删除"软键，系统会出现一对话框，选择删除该程序即可，如果选择删除全部则内存里的程序则程序会被全部删除。

（2）程序建立

当需要在机床内存里建立一个新程序，可选择程序管理界面，然后按"新程序"软键，系统会出现对话框，要求输入新程序的名字，输入程序名后按"确认"软件，即可建立该程序。

（3）程序的编辑与修改

建立新程序后系统会处于程序编辑的方式下，我们可通过编辑键盘来输入我们想要输入的指令，一行输完后可用"ENTER"键换行，输入错误可用"BACKSPACE"或"DELETE"键删除错误的信息；如果想整行或多行删除、复制程序内容，可以先用"标记程序段"软键对想要操作的内容进行选择，然后再进行删除、复制的操作，程序内容可在两个程序之间进行复制。在 802D 系统下可先不用输入程序段号（N_）等全部程序输入完成后，按"重编号"软键就可以给每一段前自动生成程序段号。

（4）程序的模拟及空运行调试

程序模拟操作方法：在自动操作方式下，切换机床界面至"位置"界面，然后按显示器下方的"程序控制"软键，再选择显示器左上方的"空运行"软件，切换机床界面至程序管理；然后按显示器右下方的"模拟"软键，系统会出现模拟的界面通过"缩放+""缩放-"两个软键，调整该界面的坐标系；再按"CYCLE START（循环启动）"按钮，机床即开始以快进速度执行程序，在模拟界面就可以看到程序运行时刀具的轨迹，空运行时将无视程序中的进给速度而以快进的速度移动，并可通过"快速倍率"旋钮来调整。

4. 程序的执行

（1）SIMENS 系统对刀的步骤

① Z 轴：平端面—测量刀具—手动测量—检查两个地方{T 后的刀具号、示意图}—设置长度 2。

② X 轴：车外圆—退刀（只退 Z 轴）—测量外圆直径—检查两个地方—输入直径值—存储位置—设置长度 1。

对刀完成后要检查零点偏移的 G54～G59 下 XZ 是不是零，不是时要改成零。

（2）程序执行

执行程序的步骤和 FANUC 系统一样。

第七节　SIEMENS—802D 系统数控车床编程基本指令

一、米制和英寸制输入指令 G71/G70

G71 和 G70 是两个互相取代的模态功能，机床出厂时一般设定为 G71 状态，机床的各项参数均以米制单位设定。

二、圆弧插补指令 G02/G03

1．用圆弧终点坐标和半径尺寸进行插补

G02/G03 X_ Z_ CR=_ F

2．用圆弧终点坐标和圆弧张角进行插补

G02/G03 X_ Z_ AR=_ F

3．用圆心坐标和圆弧张角进行插补

G02/G03 I_ K_ AR=_ F

4．用圆弧终点坐标和圆心坐标进行插补

G02/G03 X_ Z_ I_ K_ F

5．用圆弧终点坐标和中间点坐标进行插补

G02/G03 X_ Z_ I X_ K Z_ F

三、SIEMENS 系统常用循环指令

1．毛坯切削循环 CYCLE95

毛坯切削循环如图 3.57 所示。

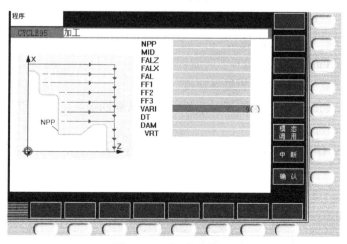

图 3.57　毛坯切削循环

毛坯切削循环 CYCLE95 的编程格式如下：
CYCLE95 (NPP, MID, FALZ, FALX, FAL, FF1, FF2, FF3, VARI, DT, DAM, _VRT)
CYCLE95 的参数如下：
NPP String 轮廓子程序名称；
MID Real 进给深度（无符号输入）；
FALZ Real 在纵向轴的精加工余量（无符号输入）；
FALX Real 在横向轴的精加工余量（无符号输入）；
FAL Real 根据轮廓的精加工余量（无符号输入）；
FF1 Real 非退刀槽加工的进给率；
FF2 Real 进入凹凸切削时的进给率；
FF3 Real 精加工的进给率；
VARI Real 加工类型，范围值为 1~12；
DT Real 粗加工时用于断屑的停顿时间；
DAM Real 粗加工因断屑而中断时所经过的路径长度；
_VRT Real 粗加工时从轮廓的退回行程，增量（无符号输入）。

功能 使用粗车削循环，可以通过近轴的毛坯切削在空白处进行轮廓切削，该轮廓已编程在子程序中。轮廓可以包括凹凸切削成分。使用纵向和表面加工可以进行外部和内部轮廓的加工。工艺可以随意选择（粗加工，精加工，综合加工）。粗加工轮廓时，已编程了的，从最大编程的进给深度处进行近轴切削且到达轮廓的交点后清除平行于轮廓的毛刺；一直进行粗加工的直到编程的精加工余量。

在粗加工的同一方向进行精加工。刀具半径补偿可以由循环自动选择和不选择。

操作顺序 循环开始前所到达的位置：起始位置可以是任意位置，但须保证从该位置回轮廓起始点时不发生刀具碰撞。循环形成以下动作顺序：循环起始点在内部被计算出并使用 G0 在两个坐标轴方向同时回该起始点。

无凹凸切削的粗加工：
- 内部计算出到当前深度的近轴进给并用 G0 返回。
- 使用 G1 进给率为 FF1 回到轴向粗加工的交点。
- 使用 G1/G2/G3 和 FF1 沿轮廓+精加工余量进行平行于轮廓的倒圆切削。
- 每个轴使用 G0 退回在_VRT 下所编程的量。
- 重复此顺序直至到达加工的最终深度。
- 进行无凹凸切削成分的粗加工时，坐标轴依次返回循环的起始点。

粗加工凹凸成分：
- 坐标轴使用 G0 依次回到起始点以便下一步的凹凸切削，此时，须遵守一个循环内部的安全间隙。
- 使用 G1/G2/G3 和 FF1 沿轮廓+精加工余量进给。
- 使用 G1 和进给率 FF1 回到轴向粗加工的交点。
- 沿轮廓进行倒圆切削，和第一次加工一样进行后退和返回。
- 如果还有凹凸切削成分，为每个凹凸切削重复此顺序。

实例 3-16：毛坯切削 CYCLE95 指令编程。

```
N110 G18 G90 G96 F0.8
N120 S500 M3
N130 T11 D1
N140 G0 X70
N150 Z60
N160 CYCLE95 ("contour", 2.5, 0.8, 0.8, 0, 0.8, 0.75, 0.6, 1)
N170 M02

PROC contour
N10 G1 X10 Z100 F0.6
N20 Z90
N30 Z=AC(70) ANG=150
N40 Z=AC(50) ANG=135
N50 Z=AC(50) X=AC(50)
N60 M02
```

2. 螺纹切削循环 CYCLE97

螺纹切削循环 CYCLE97 如图 3.58 所示，其编程格式如下：

CYCLE97 (PIT, MPIT, SPL, FPL, DM1, DM2, APP, ROP, TDEP, FAL, IANG, NSP, NRC, NID, VARI, NUMT)

CYCLE97 的参数如下：

PIT Real　螺距作为数值（无符号输入）；

MPIT Real　螺距产生于螺纹尺寸，范围值为 3（用于 M3）～60（用于 M60）；

SPL Real　螺纹起始点位于纵向轴上；

FPL Real　螺纹终点位于纵向轴上；

DM1 Real　起始点的螺纹直径；

DM2 Real　终点的螺纹直径；

APP Real　空刀导入量（无符号输入）；

ROP Real　空刀退出量（无符号输入）；

TDEP Real　螺纹深度（无符号输入）；

FAL Real　精加工余量（无符号输入）；

IANG Real　切入进给角，范围值："+"（用于在侧面的侧面进给），"-"（用于交互的侧面进给）；

NSP Real　首圈螺纹的起始点偏移（无符号输入）；

NRC int　粗加工切削数量（无符号输入）；

NID int　停顿数量（无符号输入）；

VARI int　定义螺纹的加工类型，范围值为 1～4；

NUMT int 螺纹起始数量（无符号输入）。

功能 使用螺纹切削循环可以获得在纵向和表面加工中具有恒螺距的圆形和锥形的内外螺纹。螺纹可以是单头螺纹和多头螺纹。多螺纹加工时，每个螺纹依次加工。自动执行进给进给。可以在每次恒进给量切削或恒定切削截面积进给中选择。右手或左手螺纹是由主轴的旋转方向决定的，该方向必须在循环执行前编好程。攻螺纹时，在进给程序块中进给和主轴修调都不起作用。

重要信息：为了可以使用此循环，需要使用带有位置测量系统的速度控制的主轴。

操作顺序 循环启动前到达的位置：位置任意，但必须保证刀尖可以没有碰撞地回到所编程的螺纹起始点+导入空刀量。

该循环有如下的时序过程：

- 用 G0 回第一条螺纹线空刀导入量起始处。
- 按照参数 VARI 定义的加工类型进行粗加工进刀。
- 根据编程的粗切削次数重复螺纹切削。
- 用 G33 切削精加工余量。
- 根据停顿次数重复此操作。
- 对于其他的螺纹线重复整个过程。

更多说明 循环本身需要确定所需加工的螺纹是纵向螺纹还是横向螺纹。这取决于螺纹切削时的锥形角。如果锥形角小于等于 45°，则加工的是纵向轴的螺纹，否则是横向螺纹。

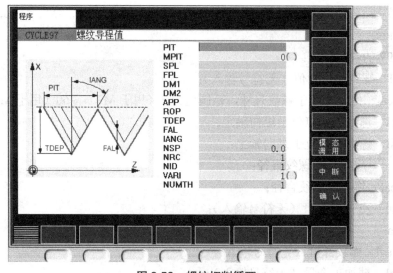

图 3.58 螺纹切削循环

实例 3-17：螺纹切削 CYCLE97 指令编程。

```
N10 G0 G90 Z100 X60
N20 G95 D1 T1 S1000 M4
N30 CYCLE97 (42, 0, -35, 42, 42, 10, 3, 1.23, 0, 30, 0, 5, 2, 3, 1)
N40 G90 G0 X100 Z100
N50 M02
```

3. 切槽循环 CYCLE93

切槽循环如图 3.59 所示，其编程格式如下：

CYCLE93 (SPD, DPL, WIDG, DIAG, STA1, ANG1, ANG2, RCO1, RCO2, RCI1, RCI2, FAL1, FAL2, IDEP, DTB, VARI)

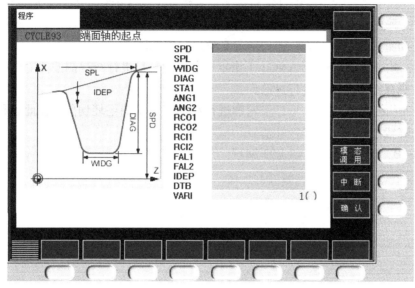

图 3.59 切槽循环

CYCLE93 的参数如下：

SPD Real 横向坐标轴起始点；

SPL Real 纵向坐标轴起始点；

WIDG Real 切槽宽度（无符号输入）；

DIAG Real 切槽深度（无符号输入）；

STA1 Real 轮廓和纵向轴之间的角度，范围值为 0≤STA1≤180°；

ANG1 Real 侧面角 1，在切槽一边，由起始点决定（无符号输入），范围值为 0≤ANG1<89.999°；

ANG2 Real 侧面角 2，在另一边（无符号输入），范围值为 0≤ANG2<89.999°；

RCO1 Real 半径/倒角 1，外部，位于由起始点决定的一边；

RCO2 Real 半径/倒角 2，外部，位于由起始点决定的一边；

RCI1 Real 半径/倒角 1，内部，位于起始点侧；

RCI2 Real 半径/倒角 2，内部，位于起始点侧；

FAL1 Real 槽底的精加工余量；

FAL2 Real 侧面的精加工余量；

IDEP Real 进给深度（无符号输入）；

DTB Real 槽底停顿时间；

VARI Int 加工类型，范围值为 1～8 和 11～18。

功能 切槽循环可以用于纵向和表面加工时对任何垂直轮廓单元进行对称和不对称的

切槽，可以进行外部和内部切槽。

操作顺序 进给深度（面向槽底）和宽度（从槽到槽）在循环内部计算并分配给相同的最大允许值。在倾斜表面切槽时，刀具将以最短的距离从一个槽移动到下一个槽，即平行于加工槽的锥体。在此过程中，循环内部计算出到轮廓的安全距离。

步骤 1 在每个进给步骤中近轴粗重加工到槽底，每次进给后刀具会后退以便断屑。

步骤 2 垂直于进给方向按一步或几步加工槽，而每一步依次按进给深度来划分。从沿槽宽向上的第二次切削开始，退刀前刀具将退回 1mm。

步骤 3 如果在 ANG1 或 ANG2 下指定了角度值，只进行一次侧面的毛坯切削。如果槽宽较大，则分几步沿槽宽进行进给。

步骤 4 从槽沿到槽中心平行于轮廓进行精加工余量的毛坯切削，在此过程中，循环可以自动选择或不选择刀具半径补偿。

实例 3-18：切槽循环 CYCLE93 编程。

```
N10 G0 G90 Z65 X50 T1 D1 S400 M3
N20 G95 F0.2
N30 CYCLE93 (35, 60, 30, 25, 5, 10, 20, 0, 0, -2, -2, 1, 1, 10, 1, 5)
N40 G0 G90 X50 Z65
N50 M02
```

四、SIEMENS 系统其他指令及循环格式

SIEMENS 系统其他指令及循环格式见表 3.14。

表 3.14 SIEMENS 系统其他指令及循环格式

指令	意义	格式
IF	有条件程序跳跃	LABEL: IF expression GOTOB LABEL 或 IF expression GOTOF LABEL LABEL: IF　　　条件关键字 GOTOB　带向后跳跃目的的跳跃指令（朝程序开头） GOTOF　带向前跳跃目的的跳跃指令（朝程序结尾） LABEL　目的（程序内标号） LABEL：跳跃目的；冒号后面的跳跃目的名有 ==　　　等于 <>　不等于；> 大于；< 小于 >=　大于或等于；<= 小于或等于
COS（）	余弦	Sin（x）
SIN（）	正弦	Cos（x）
SQRT（）	开方	SQRT（x）
TAN（）	正切	TAN（X）
POT（）	平方值	POT（X）
TRUNC（）	取整	TRUNC（X）

(续表)

指令	意义	格式
ABS（）	绝对值	ABS（X）
GOTOB	向后跳转指令，与跳转标志符一起，表示跳转到所标志的程序段，跳转方向向前	标号： GOTOB LABEL 参数意义同 IF
GOTOF	向前跳转指令，与跳转标志符一起，表示跳转到所标志的程序段，跳转方向向后	GOTOF LABEL 标号： 参数意义同 IF
MCALL	循环调用	如：N10 MCALL CYCLE…（1.78，8，…）
CYCLE82	平底扩孔固定循环	CYCLE82（RTP，RFP，SDIS，DP，DPR，DTB） DTB：在最终深度处停留的时间 其余参数的意义同 CYCLE81 例： N10 G0 G90 F200 S300 M3 N20 D3 T3 Z110 N30 X24 Y15 N40 CYCLE82（110，102，4，75，，2） N50 M02
CYCLE83	深孔钻削固定循环	CYCLE83（RTP，RFP，SDIS，DP，DPR，FDEP，FDPR，DAM，DTB，DTS，FRF，VART，_AXN，_MDEP，_VRT，_DTD，_DIS1） FDEP：首钻深度（绝对坐标） FDPR：首钻相对于参考平面的深度 DAM：递减量（>0，按参数值递减；<0，递减速率；=0，不做递减） DTB：在此深度停留的时间（>0，停留秒数；<0，停留转数） DTS：在起点和排屑时的停留时间（>0，停留秒数；<0，停留转数） FRF：首钻进给率 VARI：加工方式（0，切削；1，排屑） _AXN：工具坐标轴（1 表示第一坐标轴；2 表示第二坐标轴；其他的表示第三坐标轴） _MDEP：最小钻孔深度 _VRT：可变的切削回退距离（>0，回退距离；0 表示设置为 1mm） _DTD：在最终深度处的停留时间（>0，停留秒数；<0，停留转数；=0，停留时间同 DTB） _DIS1：可编程的重新插入孔中的极限距离 其余参数的意义同 CYCLE81 例： N10 G0 G17 G90 F50 S500 M4 N20 D1 T42 Z155 N30 X80 Y120 N40 CYCLE83（155，150，1，5，，100，，20，，，1，0，，，0.8） N50 X80 Y60 N60 CYCLE83（155，150，1，，145，，50，-0.6，1，，1，0，，10，，，0.4） N70 M02
CYCLE84	攻螺纹固定循环	CYCLE84（RTP，RFP，SDIS，DP，DPR，DTB，SDAC，MPIT，PIT，POSS，SST，SST1） SDAC：循环结束后的旋转方向（可取值为：3，4，5） MPIT：螺纹尺寸的斜度 PIT：斜度值 POSS：循环结束时，主轴所在位置 SST：攻螺纹速度 SST1：回退速度 其余参数的意义同 CYCLE81 例： N10 G0 G90 T4 D4 N20 G17 X30 Y35 Z40 N30 CYCLE84（40，36，2，，30，，3，5，，90，200，500） N40 M02

(续表)

指令	意义	格式
CYCLE85	钻孔循环 1	CYCLE85（RTP，RFP，SDIS，DP，DPR，DTB，FFR，RFF） FFR：进给速率 RFF：回退速率 其余参数的意义同 CYCLE81 例： N10 FFR=300 RFF=1.5*FFR S500 M4 N20 G18 Z70 X50 Y105 N30 CYCLE85（105，102，2，25，，300，450） N40 M02
CYCLR86	钻孔循环 2	CYCLE86（RTP，RFP，SDIS，DP，DPR，DTB，SDIR，RPA，RPO，RPAP，POSS） SDIR：旋转方向（可取值为 3，4） RPA：在活动平面上横坐标的回退方式 RPO：在活动平面上纵坐标的回退方式 RPAP：在活动平面上钻孔的轴的回退方式 POSS：循环停止时主轴的位置 其余参数的意义同 CYCLE81 例： N10 G0 G17 G90 F200 S300 N20 D3 T3 Z112 N30 X70 Y50 N40 CYCLE86（112，110，，77，，2，3，-1，-1，+1，45） N50 M02
CYCLE88	钻孔循环 4	CYCLE88（RTP，RFP，SDIS，DP，DPR，DTB，SDIR） DTB：在最终孔深处的停留时间 SDIR：旋转方向（可取值为 3，4） 其余参数的意义同 CYCLE81 例： N10 G17 G90 F100 S450 N20 G0 X80 Y90 Z105 N30 CYCLE88（105，102，3，，72，3，4） N40 M02
CYCLE94	凹凸切削循环	CYCLE94（SPD，SPL，FORM） 例： N10 T25 D3 S300 M3 G95 F0.3 N20 G0 G90 Z100 X50 N30 CYCLE94（20，60，"E"） N40 G90 G0 Z100 X50 N50 M02

五、SIEMENS 系统宏程序简介

1．计算参数

SIEMENS 系统宏程序应用的计算参数如下：

R0～R99——可自由使用；

R100～R249——加工循环传递参数（如程序中没有使用加工循环，这部分参数可自由使用）；

R250～R299——加工循环内部计算参数（如程序中没有使用加工循环，这部分参数可自由使用）。

2．赋值方式

为程序的地址赋值时，在地址字之后应使用"="，N、G、L 除外。

例如：G00 X=R2；

3．算术运算符

sin（）——正弦；

cos（）——余弦；

TAN（）——正切；

ASIN（）——反正弦；

ATAN2（）——反正切；

SQRT（）——平方根；

ABS（）——绝对数；

POT（）——平方；

TRUNC（）——舍位到整数；

ROUND（）——舍入到整数；

LN（）——自然对数；

EXP（）——指数函数。

4．控制指令

控制指令主要有：

IF 条件表达式 GOTOF 标号；

IF 条件表达式 GOTOB 标号。

说明：IF——如果满足条件，跳转到标号处；如果不满足条件，执行下一条指令。

　　　GOTOF——向前跳转。

　　　GOTOB——向后跳转。

标号——目标程序段的标记符，必须要由2~8个字母或数字组成，其中开始两个符号必须是字母或下划线。标记符必须位于程序顺序号字后，标记符必须紧跟顺序号字；标记符后面必须为冒号。

条件表达式，通常用比较运算表达式。比较运算符见表3.15。

表 3.15 比较运算符

比较运算符	意义	比较运算符	意义
=	等于	<	小于
<>	不等于	>=	大于或等于
>	大于	<=	小于或等于

第八节　SIEMENS—802D 系统数控车床加工实例

一、零件外圆加工

实例 3-19：需加工的工件如图 3.60 所示。材料为 $\phi 30 \times 1000$ 的铝棒，数量 100 件。

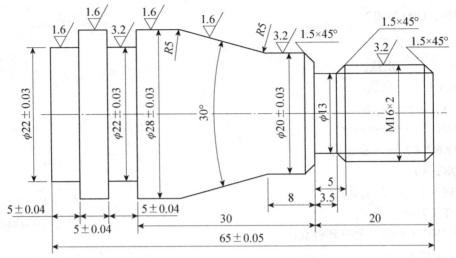

图 3.60　实例 3-19 零件图

（1）零件的定位基准是被加工件的外圆表面，采用三爪自定心卡盘装夹。

（2）使用 4 把车刀，1 号刀选主偏角为 93°的外圆粗车刀，2 号刀选主偏角为 93°的外圆精车刀，3 号刀为切断刀，4 号刀选用刀尖角为 60°的外圆三角螺纹车刀。

（3）采用试切对刀，加工顺序按由粗到精、由近到远的原则确定。即先从右到左进行粗车（留 0.2mm 的精车余量），然后从右到左进行精车，再车削 M16×2 螺纹，最后用切断刀完成切槽、$\phi 22$ 外圆及切断。

工艺参数选取：粗车的切削深度为 1mm，主轴转速为 500r/min，进给速度为 80mm/min；精车的主轴转速为 800r/min，进给速度为 70mm/min；螺纹切削的主轴转速为 400r/min；切断刀加工时的主轴转速为 600r/min，进给速度为 30mm/min。

（4）坐标值计算（略）

（5）通过工艺分析，采取以下几点工艺措施：

① 对图样上给定的几个精度要求较高的尺寸，因上、下偏差绝对值相同，故编程时取平均值或其基本尺寸结果都一样。

②粗车及精车选用主偏角为 93°的外圆车刀，为防止副后刀面与工件轮廓干涉，副偏角不宜太小，应选 $\kappa_r' \geqslant 45°$。

（6）参考程序

主程序：

N10 G90G94M03S500　　　　　　　　　　　　绝对坐标编程，主轴正转 500r/min
N20 T1D1　　　　　　　　　　　　　　　　　选用 1 号刀外圆刀 1 号刀补
N30 G0X32Z2　　　　　　　　　　　　　　　　快速定位至加工循环起点
N40 LCYCLE95("CS",1.000,0.200,0.200,0.200,

80.000,70.000,70.000,9,0.000,0.000,1.000)	外轮廓粗加工循环
N50 G00X100Z100	退刀
N60 T4D1 M03 S600	选用 4 号刀螺纹刀 1 号刀补
N70 G00 X20 Z3	定位至螺纹切削循环起点
N75 CYCLE97(2.000,0,0,-16.500,16.000,16.000,3.000,	
2.000,2.600,0.050,0.000,0.000,5.000,1,3,1)	螺纹切削循环加工
N80 G00 X100 Z100	退刀
N90 T3D1	换 3 号刀切槽刀 1 号刀补
N100 G00 X30 Z-50	定位至切槽起点
N110 G01 X22.5 F30	
N120 G00 X30	
N130 Z-52	
N140 G01 X22	
N150 Z-50	
N160 G00 X30	
N170 Z-60	
N180 G01 X22.5	
N190 G00 X30	
N200 Z-63	
N210 G01 X22.5	
N220 G00 X30	
N230 Z-65	
N240 G01 X22.5	
N250 G00 X30	
N260 Z-60	
N270 G01 X22	
N280 Z-65	
N290 X0	切断
N300 G00 X100	X 方向退刀
N310 Z100	Z 方向退刀
N320 M05	主轴停止
N330 M30	程序结束

子程序：程序名为 CS

N10 G00 X0	
N11 G01 Z0 F70	
N12 X16 CHR=1.5	倒直角 C1.5
N13 Z-15	
N14 X13 Z-16.5	
N15 Z-20	
N16 X20 CHR=1.5	倒直角 C1.5
N17 G01 Z-28 RND=5	倒圆角 R5

```
N18 G01 X28 Z-42.928 RND=9            倒圆角R9
N19 Z-69
N20 X30
N21 M02                                子程序结束
```

二、零件内孔加工

实例3-20：加工如图3.61所示零件，毛坯为$\phi 50\times 52$棒料，毛坯孔为$\phi 22$通孔。

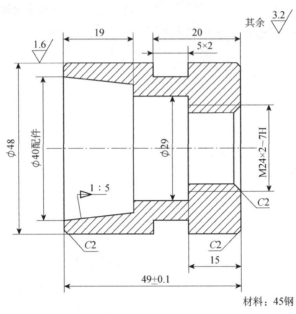

图3.61　实例3-20图

1．工艺分析

① 零件的定位基准是被加工件的外圆表面，采用三爪自定心卡盘装夹。

② 使用4把车刀，1号刀选主偏角为93°的外圆车刀，2号刀选刀宽4mm的切槽刀，3号刀为主偏角93°内孔刀，4号刀选用刀尖角为60°的内孔三角螺纹车刀。

③ 采用试切对刀，加工顺序按由粗到精、先内后外的原则确定。即先加工内孔轮廓，然后加工M24×2的内螺纹；最后加工外轮廓。外轮廓可以先加工左端，然后掉头加工右端和切槽。

工艺参数选取：粗车的切削深度为1mm，主轴转速为500r/min，进给速度为80mm/min；精车的主轴转速为800r/min，进给速度为70mm/min；螺纹切削的主轴转速为400r/min；切断刀加工时的主轴转速为600r/min，进给速度为30mm/min。

2．参考程序

加工参考程度如下：

内孔主程序   内孔子程序CS
```
G90G94M03S500                              G00X40
T3D1                                       G01Z0
```

```
G00X23Z2                                                    X36.2Z-19
CYCLE95 ("CS",1.5,0.2,0.2,0.2,80,70,70,11,0,0,0.2)          X29
G00X100Z100                                                 Z-34
T4D1                                                        X21.4
G00X22                                                      Z-47
Z-32                                                        X25.4Z-49
CYCLE97 (2,0,-34,-49,24,24,2,2,1.3,0.1,,0.0,3,1,4,1)        X21
G00X100Z100                                                 M02
M05
M02
```

实训自测题三

一、操作练习

1. 按照图纸零件（见图 3.62）编程并上机运用仿真软件加工。

2. 在机床上实际加工如图 3.63 所示零件，材料为铝棒，规格为 $\phi 25$。

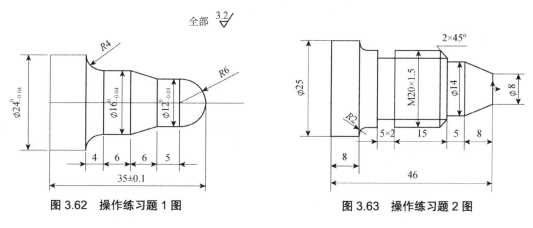

图 3.62 操作练习题 1 图　　　　　图 3.63 操作练习题 2 图

3. 在机床上实际加工为图 3.64 所示零件，材料为铝棒，规格为 $\phi 25$。

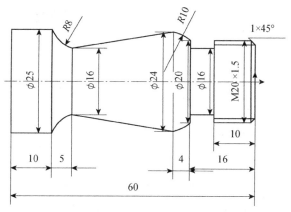

图 3.64 操作练习题 3 图

4. 在机床加工图 3.65 所示套类零件,材料为 45 钢,规格为 $\phi 50$。

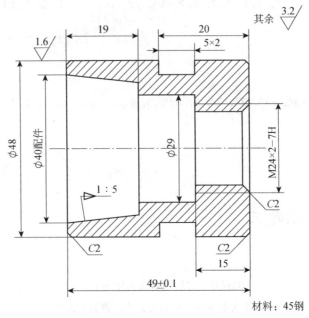

图 3.65　操作练习题 4 图

二、考核标准

数控车床编程与加工操作考核标准见表 3.16。

表 3.16　数控车床编程与加工考核标准

职业功能	工作内容	技能要求	相关知识
一、加工准备	(一)读图与绘图	1. 能读懂中等复杂程度(如刀架)的装配图 2. 能根据装配图拆画零件图 3. 能测绘零件	1. 根据装配图拆画零件图的方法 2. 零件的测绘方法
	(二)制定加工工艺	能编制复杂零件的数控车床加工工艺文件	复杂零件数控车床的加工工艺文件的制定
	(三)零件定位与装夹	1. 能选择和使用数控车床组合夹具和专用夹具 2. 能分析并计算车床夹具的定位误差 3. 能设计与自制装夹辅具(如心轴、轴套、定位件等)	1. 数控车床组合夹具和专用夹具的使用、调整方法 2. 专用夹具的使用方法 3. 夹具定位误差的分析与计算方法
	(四)刀具准备	1. 能选择各种刀具及刀具附件 2. 能根据难加工材料的特点,选择刀具的材料、结构、几何参数 3. 能刃磨特殊车削刀具	1. 专用刀具的种类、用途、特点和刃磨方法 2. 切削难加工材料时的刀具材料和几何参数的确定方法
二、数控编程	(一)手工编程	能运用变量编程编制含有公式曲线的零件数控加工程序	1.固定循环和子程序的编程方法 2.变量编程的规则和方法
	(二)计算机辅助编程	能用计算机绘图软件绘制装配图	计算机绘图软件的使用方法
	(三)数控加工仿真	能利用数控加工仿真软件实施加工过程仿真以及加工代码检查、干涉检查、工时估算	数控加工仿真软件的使用方法

(续表)

职业功能	工作内容	技能要求	相关知识
三、零件加工	（一）轮廓加工	能进行细长、薄壁零件加工，并达到以下要求： （1）轴径公差等级 IT6 （2）孔径公差等级 IT7 （3）形位公差等级 IT8 （4）表面粗糙度 $Ra1.6$	细长、薄壁零件加工的特点及装夹、车削方法
	（二）螺纹加工	1. 能进行单线和多线等节距的 T 形螺纹、锥螺纹加工，并达到以下要求： （1）尺寸公差等级 IT6 （2）形位公差等级 IT8 （3）表面粗糙度 $Ra1.6$ 2. 能进行变节距螺纹的加工，并达到以下要求： （1）尺寸公差等级 IT6 （2）形位公差等级 IT7 （3）表面粗糙度 $Ra1.6$	1. T 形螺纹、锥螺纹加工中的参数计算 2. 变节距螺纹的车削加工方法
	（三）孔加工	能进行深孔加工，并达到以下要求： （1）尺寸公差等级 IT6 （2）形位公差等级 IT8 （3）表面粗糙度 $Ra1.6$	深孔的加工方法
	（四）配合件加工	能按装配图上的技术要求对套件进行零件加工和组装，配合全差达到 IT7 级	套件的加工方法
	（五）零件精度检验	1. 能在加工过程中使用百分表、千分表等进行在线测量，并进行加工技术参数的调整 2. 能够进行多线螺纹的检验 3. 能进行加工误差分析	1. 百分表、千分表的使用方法 2. 多线螺纹的精度检验方法 3. 误差分析的方法
四、数控车床维护与精度检验	（一）数控车床日常维护	1. 能制定数控车床的日常维护规程 2. 能监督检查数控车床的日常维护状况	1. 数控车床维护管理基本知识 2. 数控机床维护操作规程的制定方法
	（二）数控车床故障诊断	1. 能判断数控车床机械、液压、气压和冷却系统的一般故障 2. 能判断数控车床控制与电器系统的一般故障 3. 能够判断数控车床刀架的一般故障	1. 数控车床机械故障的诊断方法 2. 数控车床液压、气压元件的基本原理 3. 数控机床电器元件的基本原理 4. 数控车床刀架结构
	（三）机床精度检验	1. 能利用量具、量规对机床主轴的垂直平度、机床水平等几何精度进行检验 2. 能进行机床切削精度检验	1. 机床几何精度检验内容及方法 2. 机床切削精度检验内容及方法

三、思考题

1. 数控车床有哪几个基本组成部分？各部分的基本功能是什么？
2. 制定数控车削加工工艺路线的主要内容包括哪些？
3. G00 与 G01 指令的主要区别是什么？
4. 简述 G71，G72，G73 指令有什么区别，它们的应用场合有何不同？
5. 数控车床的参考点位于什么位置？参考点有何用途？
6. 数控车床的用途是什么？主要有哪几种分类方法？

第四章 数控铣床（加工中心）的操作与编程

1. 熟悉数控铣床（加工中心）操作面板，能熟练操作数控机床。
2. 能够根据零件图纸对复杂零件进行工艺分析、制定加工工艺卡并进行数控编程。
3. 熟练掌握机床对刀操作及相关测量工具的使用方法，安全高效地加工出合格零件。

数控实训车间项目教学，教师演示学生实际操作，综合考评。

理论 8 学时，现场教学 32 学时。

数控铣床（加工中心）操作与编程教学内容课时分配

教学内容	课时	备注
理论：讲解安全操作规程、机床结构，维护保养基本知识	1	
理论：数控铣床（加工中心）功能简介和编程指令	1	
实训：熟悉数控面板及各键功能	2	
实训：简单零件程序编制。输入程序，机床基本操作	4	
理论：数控铣床（加工中心）对刀方法	1	
实训：多把刀的对刀及刀具参数的设置	3	
实训：数控铣床（加工中心）简单零件的加工	4	
理论：子程序	1	

（续表）

教学内容	课时	备注
实训：子程序应用	2	
理论：数控铣床（加工中心）固定循环	1	
实训：固定循环应用	4	
理论：数控铣床（加工中心）宏程序	1	
实训：宏程序应用	3	
实训：通过 RS-232 接口进行数据传输	2	
理论：复杂零件加工工艺加工参数的确定、加工程序的编制	2	
复习：数控铣床（加工中心）操作、对刀及复杂编程	4	
综合考评：复杂零件程序的编制、调试及加工	4	

教学考核方法

教学的考核是整个实训的重要环节，它既可以评价学生的实训收获，又可以衡量指导教师的教学效果，对促进实训起着积极的作用。

1. 考核原则

理论和实践考核并举，以实践考核为主，同时考核实训纪律、出勤、安全生产、实训环境卫生等，综合评比确定实训成绩。

2. 考核依据

① 考核分为优秀、良好、中等、及格和不及格五个等级。

② 实训项目考核占 70%：实操作业占 60%+实训报告占 10%。

③ 实训过程表现占 30%：实训出勤占 15%+实训守纪情况占 15%。

数控铣床（加工中心）安全操作规程

1. 加工前安全操作规定

① 通电前检查电压、气压、油压是否正常，润滑油是否充足；

② 检查工作台面、护罩、导轨上是否有异物；

③ 机床通电后，检查各开关、按钮是否正常，机床有无异常现象；

④ 接通电源后，先手动返回参考点，低速旋转主轴检查机床是否有异常现象；

⑤ 检查每把刀柄在主轴孔中是否都能够拉紧；

⑥ 装夹工件时，检查螺钉压板是否妨碍刀具运动，检查零件毛坯和尺寸超常现象，避免铣伤钳口；

⑦ 查看各刀杆前后部位的形状及尺寸是否符合工艺要求，能否碰撞到工件与夹具；

⑧ 认真校对 NC 程序及零点偏移、刀具补偿等参数，确保无误；

⑨ 实际加工前，空运行一次程序，检查程序及机床运动是否合理。

2. 加工中安全操作规定

① 首次加工的零件，必须按工艺要求，进行逐把刀逐段程序地试切；

② 单段程序试切时，快速倍率开关必须置于较低挡；

③ 每把刀首次使用时，必须先验证其实际长度与所补偿值是否相符；

④ 程序运行中，随时观察数控系统的坐标显示、程序显示及其他提示信息；

⑤ 试切进刀时，在刀具至工件表面 30~50mm 处，必须在进给保持下，验证 Z 轴剩余坐标值和 X、Y 坐标值与图纸上标注的是否一致；

⑥ 刃磨刀具或更换刀具辅具后，一定要重新测量刀长及修改刀补值。

3. 加工后安全操作规定

① 清洗机床，整理工作现场；

② 手动将坐标轴停在中间位置；

③ 按正确顺序断开机床电源。

第一节　FANUC 0i Mate-MC 面板及各键功能

FANUC 0i Mate-MC 数控机床操作面板如图 4.1 所示，分为两个区域，上半部分为数控系统控制面板，下半部分为机床操作面板。

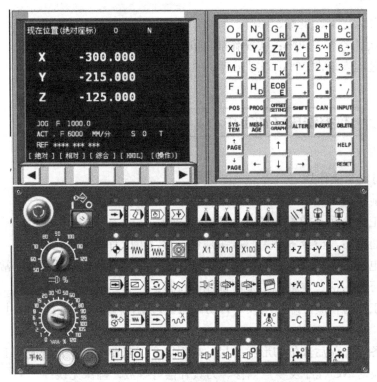

图 4.1　FANUC 0i Mate-MC 数控机床操作面板

一、系统控制面板

数控系统控制面板由屏幕显示区和手动输入 MDI 键盘两部分组成。

1．MDI 键盘各控制键的图标及功能

MDI 键盘各控制键的图标及功能见表 4.1。

表 4.1　MDI 键盘各控制键的图标及功能

名称	图标	功能说明
页面切换键	POS	显示位置屏幕
	PROG	显示程序屏幕
	OFFSET SETTING	显示偏置/设置（SETTING）屏幕
	SYSTEM	显示系统屏幕
	MESSAGE	显示信息屏幕
	CUSTOM GRAPH	显示用户宏屏幕
光标移动键	←↑↓→	有四种不同的光标移动键，将光标向上下左右移动
翻页键	PAGE↑	将屏幕显示的页面往前翻页
	PAGE↓	将屏幕显示的页面往后翻页
地址和数字键	(字母数字键盘)	按下这些键可以输入字母、数字或者其他字符。EOB 为分号输入符，用于结束一行程序的输入
编辑键	RESET	复位键，按下这个键可以使 CNC 复位或者取消报警等
	HELP	帮助键，当对 MDI 键的操作不明白时，按下这个键可以获得帮助
	SHIFT	切换键，按下<SHIFT>键可以在这两个功能之间进行切换
	INPUT	输入键，当按下一个字母键或者数字键时，再按该键数据被输入到缓冲区，并且显示在屏幕上。要将输入缓冲区的数据拷贝到偏置寄存器中等，请按下该键。这个键与软键中的[INPUT]键是等效的
	CAN	取消键，用于删除最后一个进入输入缓存区的字符或符号
	ALTER	替换键
	INSERT	插入键
	DELETE	删除键
软键	◄ □□□□□ ►	根据不同的界面，软键有不同的功能。软键功能显示在屏幕的底端，最左侧带有向左箭头的软键为菜单返回键，最右侧带有向右箭头的软键为菜单继续键

2. 输入缓冲区

当按下一个地址或数字键时,与该键相应的字符就立即被送入输入缓冲区(见图4.2)。输入缓冲区的内容显示在CRT屏幕的底部。

为了标明这是键盘输入的数据,在该字符前面会立即显示一个符号">"。在输入数据的末尾显示一个符号"_"标明下一个输入字符的位置。

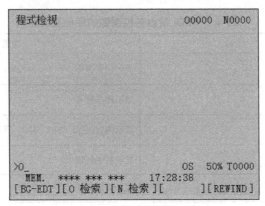

图 4.2 输入缓冲区

为了输入同一个键上右下方的字符,首先按下 [SHIFT] 键,然后按下需要输入的键就可以了。例如要输入字母P,首先按下 [SHIFT] 键,这时Shift键变为红色 [SHIFT],然后按下 [Oₚ] 键,缓冲区内就可显示字母P。再按一下 [SHIFT] 键,Shift键恢复成原来颜色,表明此时不能输入右下方字符。按下 [CAN] 键可取消缓冲区最后输入的字符或者符号。

二、机床操作面板

机床操作面板主要由操作模式开关、主轴倍率调整旋钮、进给速度调节旋钮、各种辅助功能选择开关、手轮、各种指示灯等组成,详见介绍见表4.2。

表 4.2 机床操作面板按键及其功能

按键	功能	按键	功能
	自动键		编辑键
	MDI		
	返回参考点键		连续点动键
	增量键		手轮键
	单段键		跳过键
	空运行键		

- 104 -

（续表）

按键	功能	按键	功能
	进给暂停键		循环启动键
	进给暂停指示灯		
	当 X 轴返回参考点时，X 原点灯亮		当 Y 轴返回参考点时，Y 原点灯亮
	当 Z 轴返回参考点时，Z 原点灯亮		X 键
	Y 键		Z 键
	坐标轴正方向键		快进键
	坐标轴负方向键		
	主轴正转键		主轴停键
	主轴反转键		
	急停键		进给速度修调
	主轴速度修调		
	启动电源键		关闭电源键
	手轮进给放大倍数开关。按鼠标右键，旋钮顺时针旋转。按鼠标左键，旋钮逆时针旋转。每按动一下，旋钮向相应的方向移动一个挡位		手轮。按鼠标右键，旋钮顺时针旋转。按鼠标左键，旋钮逆时针旋转。使用手轮进给的方法有两种：按一下就松开，所选择的轴将向正向或负向移动一个选定的值。如果按住不放，则所选择的轴将向正向或负向发生连续移动

第二节　FANUC 0i Mate-MC 基本操作

　　数控设备的基本操作是数控操作的基本功，不论是手工编程或自动编程都离不开对数控操作基本技能的要求。基本操作主要有三大方面：开机、移动刀具、对刀。

一、开机、意外处理与关机

1. 开机

开机操作的过程：外部空压机开关→外部开关→机床电柜开关→控制器面板开关→急停开关→MODE 模式切换到自动回零状态→回机械零点→切换到手动状态或点动状态→将工作台回至接近中间位置（偏离机械零点）。

只有在面板开关打开后，才能打开急停开关，同样如果是关机过程，必须先按下急停开关后再关闭面板开关。面板开关是弱电开关，而急停开关是强电开关，虽然急停开关作用只在面板开关后起作用，但由于急停开关控制主液压马达，电流的变化对整个电路有一定的影响。

回机械零点的基本次序：在 MODE 模式切换到回零后，分别按指定的轴开关后，该轴自动回到机床厂规定的位置，可以看出一般三轴联动铣床第一步必须先将 Z 轴回到安全平面之后才能按其他两个轴（X、Y）开关。当机床的各轴回到参考点后，操作面板上有各轴参考点回归指示灯从闪烁变为常亮。有的机床在回零时必须先将各个轴偏离参考点有适当的距离后才能回到零点，这是机床厂设定了测量系统作用的有效位置，当偏离的位置过小，无法测量到回归零点的信号。回零的初始化特征是数控设备很重要的特征。

2. 意外处理

在加工过程中，如果出现异常现象，或者有可能出现机床、刀具和工件的伤害情况，需要一些临时处理方法，使机床停机以保证安全。具体的方法如下：

① 按下急停开关；
② 按下 RESET 复位开关；
③ 按下循环停止键；
④ 将进给速度的倍率开关旋为零。

其中以急停开关最有效，也是最彻底，它实际上切断了强电电源，相当于关机。需要重新加工必须要将机床重新回零。

3. 关机

关机次序大致与开机的动作正好相反，具体操作过程如下：

打扫或清理工作台的铁屑→将工作台回到大致中心位置→按下急停开关→关闭操作面板开关→关电柜开关→关外部电源开关→关空压机开关。

无论是开机或关机必须严格按照操作顺序进行，以保证机床的正常使用。

二、手动操作

1. 手动返回参考点

具体操作如下：

① 按下返回参考点键 ⌖；
② 按下 X 键 X，再按下+键 +，X 轴返回参考点，同时 X 原点灯亮 X原点；
③ 依上述方法，依此按下 Y 键 Y、+键、Z 键 Z、+键，Y、Z 轴返回参考点，同时

Y、Z 原点灯亮 ；

2. 手动连续进给

具体操作如下：

① 按下"连续点动"按键 ，系统处于连续点动运行方式；

② 选择进给速度；

③ 按下 X 键（指示灯亮），再按住+键或-键，X 轴产生正向或负向连续移动，松开+键或-键，X 轴减速停止；

④ 依同样方法，按下 Y 键，再按住+键或-键，或按下 Z 键，再按住+键或-键，使 Y、Z 轴产生正向或负向连续移动。

3. 点动进给速度选择

使用机床控制面板上的进给速度修调旋钮 选择进给速度；

右击该旋钮，修调倍率递增；左键单击该旋钮，修调倍率递减。用右键每点击一下，增加 5%；用左键每点击一下，修调倍率递减 5%。

4. 增量进给

具体操作如下：

① 按下"增量"按键 ，系统处于增量运行方式；

② 按下 X 键（指示灯亮），再按一下+键或-键，X 轴将向正向或负向移动一个增量值；

③ 依同样方法，按下 Y 键，再按住+键或-键，或按下 Z 键，再按住+键或-键，使 Y、Z 轴向正向或负向移动一个增量值。

5. 手轮进给

具体操作如下：

① 按下"手轮"按键 ，系统处于手轮运行方式；

② 单击菜单栏"显示"→"显示手轮"命令，或者右键单击机床任意处，在弹出的右键菜单中选择"显示手轮"命令，打开手轮面板；

③ 通过 FEED MLTPLX 选择倍率；

④ 根据移动方向，左键单击手轮，使之顺时针旋转；或右击手轮，使之逆时针旋转。

三、自动运行

1. 选择和启动零件程序

① 按下自动键 ，系统进入自动运行方式；

② 选择系统主窗口菜单栏打开文件窗口，在计算机中选择事先做好的程序文件，选中并按下窗口中的"打开"键将其打开；

③ 按循环启动键 （指示灯亮），系统执行程序。

2．停止、中断零件程序

①停止：如果要中途停止，可以按下循环启动键左侧的进给暂停键 ▣，这时机床停止运行，并且循环启动键的指示灯灭、进给暂停指示灯亮 ▣。再按循环启动键 ▣，就能恢复被停止的程序。

②中断：按下数控系统面板上的复位键 ▣，可以中断程序加工，再按循环启动键 ▣，程序将从头开始执行。

3．MDI 运行

① 按下 MDI 键 ▣，系统进入 MDI 运行方式；

② 按下系统面板上的程序键 ▣，打开程序屏幕，系统会自动显示程序号 O0000；

③ 用程序编辑操作编制一个要执行的程序；

④ 使用光标键，将光标移动到程序头；

⑤ 按循环启动键 ▣（指示灯亮），程序开始运行。当执行程序结束语句（M02 或 M30）或者执行到%后，程序自动清除并且运行结束。

4．停止、中断 MDI 运行

停止：如果要中途停止，可以按下循环启动键左侧的进给暂停键 ▣，这时机床停止运行，并且循环启动键的指示灯灭、进给暂停指示灯亮 ▣。再按循环启动键 ▣，就能恢复运行。

中断：按下数控系统面板上的复位键 ▣，可以中断 MDI 运行。

四、创建和编辑程序

1．新建程序

① 按下机床面板上的编辑键 ▣，系统处于编辑运行方式。

② 按下系统面板上的程序键 ▣，显示程序界面。

③ 使用字母和数字键，输入程序号。例如，输入程序号 O0006，见图 4.3。

④ 按下系统面板上的插入键 ▣。

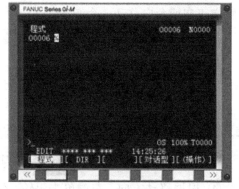

图 4.3 新建程序

⑤ 这时程序界面上显示新建立的程序名，接下来可以输入程序内容。

⑥ 在输入到一行程序的结尾时，先按 EOB 键生成 ";"，然后再按插入键。这样程序会自动换行，光标出现在下一行的开头。

2．从外部导入程序

① 单击菜单栏 "文件" → "加载 NC 代码文件" 命令，系统弹出 Windows 打开文件对话框。

② 从计算机中选择代码存放的文件夹，选中代码，按 "打开" 键。

③ 按程序键 ![PROG]，显示屏上显示该程序。

④ 同时该程序名会自动加入 RCTRY MEMORY 程序名列表中。

3. 打开目录中的文件

① 在编辑方式下，按程序键 ![PROG]。

② 按系统显示屏下方与 DIR ![DIR] 对应的软键（图中白色光标所指的键）。

③ 显示 DRCTRY MEMORY 程序名列表，如图 4.4 所示的打开 O0100 这个程序。

④ 使用字母和数字键，输入程序名，见图 4.5。在输入程序名的同时，系统显示屏下方出现"O 检索"软键。

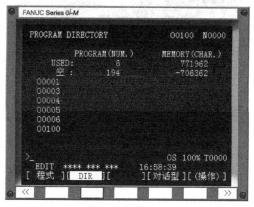
图 4.4 显示程序名列表

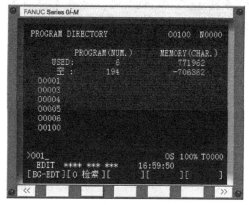
图 4.5 输入程序名

⑤ 输完程序名后，按"O"检索软键。

⑥ 显示屏上显示 O0100 这个程序的程序内容。

4. 编辑程序

下列各项操作均是在编辑状态下且程序被打开的情况下进行的。

(1) 字的检索

① 按"操作" ［(操作)］软键。

② 按最右侧带有向右箭头的菜单继续键，直到软键中出现"检索" ［检索↓］［检索↑］软键。

③ 输入需要检索的字。例如，要检索 M03，则输入 M03。

④ 按检索键。带向下箭头的检索键为从光标所在位置开始向程序后面检索，带向上箭头的检索键为从光标所在位置开始向程序前面进行检索，可以根据需要选择一个检索键。

⑤ 光标找到目标字后，定位在该字上，示例见图 4.6。

(2) 跳到程序头

当光标处于程序中间，而需要将其快速返回到程序头，可采用下列两种方法。

方法一：按下复位键 ![RESET]，光标即可返回到程序头。

方法二：连续按软键最右侧带向右箭头的菜单继续键，直到软键中出现 Rewind 键 ［REWIND］。按下该键，光标即可返回到程序头。

（3）字的插入

① 使用光标移动键，将光标移到需要插入的后一位字符上。

② 键入要插入的字和数据：X20.。

③ 按下插入键 [INSERT]。

④ 光标所在的字符之前出现新插入的数据，同时光标移到该数据上，示例见图4.7。

图4.6 字的检索

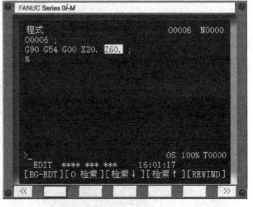

图4.7 字的插入

（4）字的替换

① 使用光标移动键，将光标移到需要替换的字符上。

② 键入要替换的字和数据。

③ 按下替换键 [ALTER]。

④ 光标所在的字符被替换，同时光标移到下一个字符上。

（5）字的删除

① 使用光标移动键，将光标移到需要删除的字符上。

② 按下删除键 [DELETE]。

③ 光标所在的字符被删除，同时光标移到被删除字符的下一个字符上。

（6）输入过程中的删除

在输入过程中，即字母或数字还在输入缓存区、没有按插入键 [INSRT] 的时候，可以使用取消键来进行删除。每按一下 [CAN]，则删除一个字母或数字。

（7）删除目录中的文件

① 在编辑方式下，按程序键 [PROG]。

② 按 DIR 软键。

③ 显示 DRCTRY MEMORY 程序名列表。

④ 使用字母和数字键，输入欲删除的程序名。

⑤ 按系统面板上的删除键 [DELETE]，该程序将从程序名列表中删除。需要注意的是，如果删除的是从计算机中导入的程序，那么这种删除只是将其从当前系统的程序列表中删除，并没有将其从计算机中删除，以后仍然可以通过从外部导入程序的方法再次将其打开和加入列表。

（8）设置刀具补偿值

① 按下编辑键，进入编辑运行方式。

② 按下偏置/设置键。

③ 显示工具补正界面。如果显示屏幕上没有显示该界面，可以按"补正"软键打开该界面。

④ 例如，我们要设定 009 号刀的形状值为-1.000，可以使用翻页键和光标键将光标移到需要设定刀补的地方。

⑤ 使用数字键输入数值"-1."，见图 4.8。在输入数字键的同时，软键中出现输入键。

⑥ 按输入键，或者按软键中的"输入"键，这时该值显示为新输入的数值，见图 4.9。

图 4.8　输入刀具补偿值

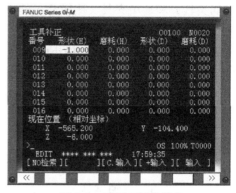

图 4.9　显示刀具补偿值

⑦ 如果要修改输入的值，可以直接输入新值，然后按输入键或者"输入"软键。也可以输入一个将要加到当前补偿值的值（负值将减小当前的值），然后按下"+输入"软键。

（9）显示和设置工件原点偏移值

① 按下偏置/设置键。

② 按下"坐标系"软键。

③ 屏幕上显示工件坐标系设定界面。该屏幕包含两页，可使用翻页键翻到所需要的页面。

④ 使用光标键将光标移动到想要改变的工件原点偏移值上。例如，要设定 G54 X20. Y50. Z30.，首先将光标移到 G54 的 X 值上。

⑤ 使用数字键输入数值"20."，然后按下输入键。或者，按菜单继续键直到软键中出现"输入"键，按下该键。

⑥ 如果要修改输入的值，可以直接输入新值，然后按输入键或者"输入"软键。也可以输入一个将要加到当前值的值（负值将减小当前的值），然后按下"+输入"软键。

⑦ 重复上述步骤，改变另两个偏移值，如图 4.10 所示。

图 4.10　设置工件原点偏移值

五、找正及对刀

在广泛使用数控设备的今天，实现了自动加工，对产品的质量保证也大大提高，然而对于数控操作工来说，对刀过程和技巧是最基本的也是最重要的环节，也是更换刀具后保证产品表面质量的最重要的保证，这也反映了一个操作工的操作水平。

1. 装夹找正

要加工零件必须对零件进行合理装夹，这离不开夹具的选用和使用。夹具按照专门化程度可分为专用夹具（为生产某些零件、某一类零件专门加工生产制造的夹具）和通用夹具（比较常见的有卡盘、压板、平口钳、方箱等），夹紧合理还应该对工件进行找正。找平工作，目的就是为了在最小的毛坯上加工出合格的零件，找正常用到磁性表座（见图4.11）和百分表或千分表，也有用杠杆表（用时主轴应定位）。

图4.11 磁性表座

2. 对刀目的

对刀的主要目的有两个：建立工件坐标系和确定加工刀具与基准刀的刀补。

① 用基准刀（通常是第一把刀）确定工件的坐标系，建议使用G54设立坐标系为好。G54是该原点在机床坐标系的坐标值，它是储存在机床内，无论停电、关机或者换班后，它都能保证一样；而使用G92建立工件坐标系，必须要手工记录它设定的位置，而且每一程序开头必须完全一致，G54就可以不一样。

② 对刀的第二个目的是测量其他刀具与第一把刀具（或称为基准刀）的差异，确定其补正值。

3. 对刀方法

常见的对刀方法有以下几种。

（1）试切法

在对刀开始时先将主轴运转，切换到MDI方式，输入M03 S300；再按循环开始即可。将开关切换到手轮方式（也可手动、点动），将刀具移到工件表面试切，比如工件的左面，并记录该数值；再将刀具向负方向移动一定的距离，抬刀，移至工件的右侧，再下刀，从工件的右边再一次表面试切，再记录该处的机械坐标值；将两次的机械坐标值相加再除以2，就得到该工件的中心坐标的机械坐标值，将所得的值输入到坐标系G54的X坐标中。对Y坐标时同样的方法在前后进行，输入在G54的Y坐标值中即可。在对刀Z方向时应将刀具的端面在工件的表面的最低处对刀试切，并将该时的Z机械坐标值输入到G54的Z值中。这样就建立好了工件坐标系。

在右侧试切刀后，计算好其一半值时，然后退刀抬刀，再移到X相对值为零处即可，使用测量的方法输入参数。

坐标系建立在工件的中心，是经常为了编程的方便和检查尺寸的原因，但可能坐标系建立在某个特定的位置更加合理。为了避免出错，一般过程同样用中心先对好位置，但这时将中心位置的相对坐标值设置为零，再移到指定的偏心位置（通常，为了以后检查方便，将此处真正的坐标原点的相对值坐标再一次设定为零），并把此处的机械坐标值输入到 G54 中即可完成坐标系的建立。

注意事项：

① 熟练掌握手轮的退刀进刀的方向和正确移动速度及移动量。

② 正确切换手轮的轴选择、倍率选择，灵活应用"相对值"置零的方法，可以避免记录的失误和计算上的烦琐而造成的错误。

③ 对刀的熟练程度反映了一个操作工的基本功，基本上控制在 4 min 之内完成三个轴的对刀和输入。

（2）塞尺法

使用此方法，轴不能旋转，塞尺的各个厚度有 1mm，0.50～0.10mm（每个相差 0.10mm），0.10～0.02mm（每个相差 0.01mm）。对刀建议使用 0.10～0.05mm 塞尺，因为 0.10mm 以上的各塞尺厚度相差值太大，0.05mm 以下的塞尺太软。

在实际工作过程中，有时需要单边对刀。这是在工件的一侧对刀后，将此时的相对坐标值置零，再退刀，抬刀。先将相对值移一个工件的外形尺寸的一半，再一次将相对值置零，最后还需要移动一个刀具半径，这时的位置才是真正需要的工件中心位置，将此时的机械坐标值输入到 G54 的数据中（经常将此时的相对值重新置为零），从而确立了工件坐标系。

（3）测量法（使用碰数棒，也称寻边器）

① 对于光电式寻边器（见图 4.12），将光电式寻边器安装在主轴上，让主轴以 250～300r/min 的速度运转，与工件最小量的接触，同上述的方法一样，将此处坐标相对值，再对另一方向的值，回到需要的位置而完成坐标系的设定。

② 对于机械式偏心寻边器（见图 4.12（a）），方法一样，只是主轴的转速为 150～200r/min。

这两种方法只对 X 和 Y 方向的对刀，仪器的灵敏度在 0.005mm 之内，因而对刀精度可以控制在 0.005mm。

（a）机械式偏心式寻边器

（b）光电式寻边器

图 4.12　寻边器

应注意的几个问题,转速不宜过高,保证仪器的可靠性;转速必须要用 MDI 方式输入,尤其是第一次,不能直接用面板上的主轴正转开关执行。因为使用主轴正转开关,默认的转速是上次执行的转速,如果上次运行的转速是 2 000r/min,那么像机械式偏心寻边器必定会将仪器中的内部弹簧拉长而损坏。

Z 方向的对刀可以使用 Z 轴设定器(又叫高度对刀仪),同样常见的有两种,光电式和机械式,如图 4.13 所示。这两种设定器都是采用一个标准的高度(50mm),前一种当刀具接触到仪器时,会发出红色的指示信号;而后一种机械式可以将仪器的中间压下,当压到某刻度(机械)或发光(光电)时,选择键"测量"的方法,输入 Z50 即可以设定工件表面的相对值为零。

(a) 机械式Z轴设定器　　　　　　　(b) 光电式Z轴设定器

图 4.13　Z 轴设定器(高度对刀仪)

注意事项:
① 仪器表面必须干净,不得有油污等。
② 使用测量方法,一定要认真校对其数据的正确性。

(4) 先进对刀方法

随着数控技术的发展和对高精密零件的需求,以上对刀方法远远不能满足要求,必然需要更精确的对刀仪器,如自动对刀仪、激光对刀仪等。它们能够自动对刀和自动测量,甚至把对刀后的参数直接输入到机床,减少了人的参与,提高了效率和精度。

以上叙述的对刀方式是很常用的也是最为常见的方法,由于 X 和 Y 方向的对刀是主轴中心位置,因而在更换刀具后是不会改变主轴中心的位置,只需对 Z 方向进行对刀即可,而 Z 对刀的误差会直接影响工件加工表面的质量和粗糙度。由于加工工艺的要求和过程的设计,大多先使用直径较大的刀具先加工,以谋求生产效率,再使用直径较小的刀具进行局部加工。

在建立坐标系后,由于考虑到要更换刀具,则刀具的长度不同,坐标系设定中的 Z 数值经常会更改。为了避免更改过程中,光标的显示位置在非指定的位置,误改了如 X、Y 的位置值,因此通常用 G54 建立工件坐标系,用 G55 复制 G54 的 X、Y、Z 值。

4. 建立工件坐标系和刀具补偿值

通过对刀将程序所指定位置的机械坐标值数据输入到 G54 等坐标系后,就建立了工件坐标系,而有些系统必须要将机床回机械零点,确认后方可建立。

数据输入的方法:

① 将刀具移到要建立的工件坐标系零点,将屏幕切换到"SETTING"下的"WORK"界面,将此时的机械坐标值数据用手工输入到指定的坐标系,一定要将机床的坐标值的正负号一起输入。

② 将界面切换到坐标系设定界面,输入如 X0,屏幕下方出现了测量(MEASURE)菜单,按下此键,自动将此时的机械坐标值输入到光标指定的坐标系中。

5. 对刀实例

1)长方体工件装夹与对刀

如图 4.14 所示长方体工件,编程坐标(工件坐标)原点在长方体的顶面中心位置,长度方向为 X 方向,宽度方向为 Y 方向,高度方向为 Z 方向。

(1)装夹与找正步骤

具体步骤如下(参见图 4.15):

① 把平口钳装在机床上,钳口方向与 X 轴方向大约一致。

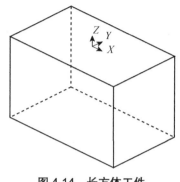

图 4.14 长方体工件

② 将磁性表座吸在立铣头主轴部分,安装百分表,使表的测量杆与固定钳口平面垂直,测量触头触到钳口平面,测量杆压缩 0.3~0.5mm 左右,纵向移动工作台,观察百分表读数,若在固定钳口全长内一致,则固定钳口与工作台进给方向平行。

③ 固定钳口与工作台进给方向平行校正好后,用相同的方法升降工作台,校正固定钳口和工作台平面的垂直度。然后将平口钳固定在机床导轨上。

④ 把工件装夹在平口钳上,工件长度方向与 X 轴方向基本一致,工件底面用等高垫铁垫起,并使工件加工部位最低处高于钳口顶面(避免加工时刀具撞到或铣到虎钳)。

⑤ 夹紧工件。

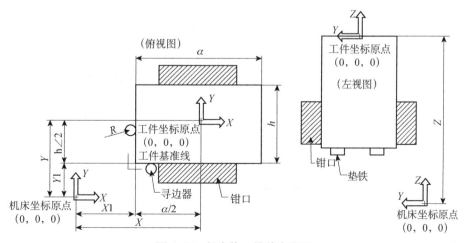

图 4.15 长方体工件装夹找正

（2）对刀

对刀过程可参照图 4.16。

XY 方向（寻边器对刀）：

① 长方体工件左下角为基准角，左边为 X 方向的基准边，下边为 Y 方向的基准边。通过正确寻边，寻边器与基准边刚好接触（误差不超过机床的最小手动进给单位，一般为 0.01，精密机床可达 0.001）。在左边寻边，在机床控制台显示屏上读出机床坐标值 $X0$（即寻边器中心的机床坐标）。左边基准边的机床坐标为 $X1=X0+R$；工件坐标原点的机床坐标值为 $X=X1+a/2=X0+R+a/2$；$a/2$ 为工件坐标原点离基准边的距离。

② 在下边寻边，在机床控制台显示屏上读出机床坐标值 $Y0$（即寻边器中心的机床坐标）。下边基准边的机床坐标为 $Y1=Y0+R$；工件坐标原点的机床坐标值为 $Y=Y1+b/2=Y0+R+b/2$；$b/2$ 为工件坐标原点离基准边的距离。

Z 方向：

可直接碰刀对刀或使用 Z 向设定器对刀。

① 准面在顶面。

顶面正确寻边，读出机床坐标 $Z0$，则工件坐标原点的机床坐标值 Z 为 $Z=Z0-h$，h 为块规或 Z 向设定器的高度。

② 基准面在底面。

底面正确寻边 读出机床坐标 $Z0$，则工件坐标原点的机床坐标值 Z 为 $Z=Z0-h+H$，H 为工件坐标原点离基准面（底面）的距离。

对刀完成后，把 X、Y、Z 值输入到 G54 中去（或 G55.G56.G57. G58、G59，依程序所引用的代码对应）。

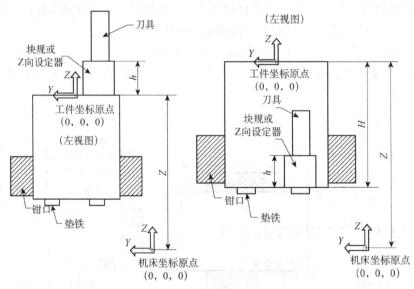

图 4.16　长方体工件对刀

2）圆柱体工件的装夹与对刀

如图 4.17 所示圆柱体工件，编程坐标（工件坐标）原点在圆柱体的顶面圆心位置，左右方向为 X 方向，前后方向为 Y 方向，高度方向为 Z 方向。

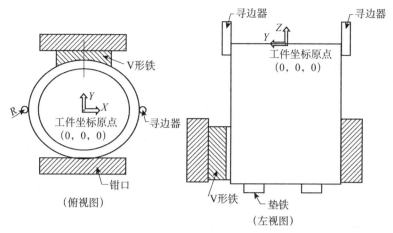

图 4.17 圆柱体工件装夹对刀

(1) 装夹与找正

① 把平口钳装在机床上，使钳口方向与 X 轴方向大约一致，利用百分表检查，一致后，锁紧。

② 把工件装夹在平口钳上，工件底下用等高垫铁垫起，使工件加工部位最低处高于钳口顶面（避免加工时刀具撞到或铣到虎钳）。

③ 将百分表指针压在工件侧面，主轴上下移动，使工件高度方向与 Z 轴平行后夹紧工件。

④ 若需要工件顶面与工作台平行，则移动工作台，利用百分表，检查工件顶面与工作台是否平行。

(2) 对刀

XY 方向对刀：寻边器双边碰数分中对刀同长方体，寻边器双边碰数分中；

Z 方向对刀：同长方体 Z 方向对刀。

第三节 FANUC 0i Mate-MC 编程

一、FANUC 0i Mate-MC 功能代码简介

FANUC 0i 系统是一种高效能的系统，它配在加工中心上，可以在一次装夹中可自动完成铣、镗、钻、铰、攻丝等多种工序的加工。若选用数控转台，可扩大为四轴控制，实现多面加工。

1. 准备功能（G 代码）

G 代码列表见表 4.3。

表 4.3　G 代码列表

G 代码	分组	功能
*G00	01	定位（快速移动）
*G01		直线插补（进给速度）

(续表)

G 代码	分组	功能
G02	01	顺时针圆弧插补
G03		逆时针圆弧插补
G04	00	暂停，精确停止
G09		精确停止
G10		可编程数据输入
G11		可编程数据输入方式取消
*G15	17	极坐标指令取消
G16		极坐标指令
*G17	02	选择 XY 平面
*G18		选择 ZX 平面
*G19		选择 YZ 平面
G20	06	英寸输入
G21		毫米输入
*G22	04	存储行程检测功能有效
G23		存储行程检测功能无效
G27	00	返回参考点检测
G28		返回参考点
G29		从参考点返回
G30		返回第 2、3、4 参考点
G31		跳转功能
*G40	07	取消刀具半径补偿
G41		左侧刀具半径补偿
G42		右侧刀具半径补偿
G43	08	刀具长度补偿＋
G44		刀具长度补偿－
*G49		取消刀具长度补偿
*G50	11	比例缩放取消
G51		比例缩放有效
*G50.1	22	可编程镜像取消
G51.1		可编程镜像有效
G52	00	设置局部坐标系
G53		选择机床坐标系
*G54	14	选择工件坐标系 1
G55		选择工件坐标系 2
G56		选择工件坐标系 3
G57		选择工件坐标系 4
G58		选择工件坐标系 5
G59		选择工件坐标系 6
G60	00/01	单方向定位

(续表)

G 代码	分组	功能
G61	15	精确停止方式
*G64		切削方式
G65	00	宏程序调用
G66	12	宏程序模态调用
*G67		宏程序模态调用取消
G68	16	坐标旋转
*G69		坐标旋转取消
G73	09	排屑钻孔循环
G74		左旋攻丝循环
G76		精镗循环
*G80		固定循环取消
G81		钻孔循环、锪镗循环
G82		钻孔循环或返镗循环
G83		排屑钻孔循环
G84		攻丝循环
G85		镗孔循环
G86		镗孔循环
G87		背镗循环
G88		镗孔循环
G89		镗孔循环
*G90	03	绝对值编程
*G91		增量值编程
G92	00	设定工件坐标系
*G94	05	每分钟进给
G95		每转进给
G96	13	恒表面速度控制
*G97		恒表面速度控制取消
*G98	10	固定循环返回初始点
G99		固定循环返回 R 点

从表 4.3 中我们可以看出，G 代码被分为了不同的组，这是由于大多数的 G 代码是模态的。所谓模态 G 代码，是指这些 G 代码不只在当前的程序段中起作用，而且在以后的程序段中一直起作用，直到程序中出现另一个同组的 G 代码为止。同组的模态 G 代码控制同一个目标但起不同的作用，它们之间是不相容的。00 组的 G 代码是非模态的，这些 G 代码只在它们所在的程序段中起作用。标有*号的 G 代码是上电时的初始状态。对于 G01 和 G00、G90 和 G91 上电时的初始状态由参数决定。

如果程序中出现了未列在上表中的 G 代码，CNC 会显示 10 号报警。

同一程序段中可以有几个 G 代码出现，但当两个或两个以上的同组 G 代码出现时，最后出现的一个（同组的）G 代码有效。

在循环模态下，任何一个 01 组的 G 代码都将使循环模态自动取消，成为 G80 模态。

2．辅助功能（M 代码、B 代码）

辅助功能有两种类型：一种是辅助功能 M 代码，用于指定主轴启动、主轴停止、程序结束等；另一种是 B 代码，用于指定分度工作台定位。用户使用的 M 代码列表见表 4.4。

表 4.4 M 代码列表

M 代码	功能	M 代码	功能
M00	程序停止	M09	冷却关
M01	选择停止	M18	主轴定向解除
M02	程序结束	M19	主轴定向
M03	主轴正转	M29	刚性攻丝
M04	主轴反转	M30	程序结束并返回程序头
M05	主轴停止	M98	子程序调用
M06	刀具交换	M99	子程序结束返回 / 重复执行
M08	冷却开		

3．刀具功能 T 代码

机床刀具库使用任意选刀方式，即由两位的 T 代码 T×× 指定刀具号而不必管这把刀在哪一个刀套中，地址 T 的取值范围可以是 1～99 之间的任意整数。

在 M06 之前必须有一个 T 代码，如果 T 代码和 M06 出现在同一程序段中，则 T 代码也要写在 M06 之前。

4．主轴速度功能 S 代码

一般机床主轴转速范围是 20～6000r/min。主轴的转速指令由 S 代码给出，S 代码是模态的，即转速值给定后始终有效，直到另一个 S 代码改变模态值。主轴的旋转指令则由 M03 或 M04 实现。

5．进给功能 F 代码

数控机床的进给一般可以分为两类：快速移动和切削进给。

快速移动的速度是由机床参数给定的，并可由快速倍率开关调节。快速移动时，参与进给的各轴之间的运动是互不相关的，分别以自己给定的速度运动。一般来说，刀具的轨迹是一条折线。

切削进给出现在 G01、G02、G03 以及循环中的加工进给的情况下。切削进给的速度由地址 F 给定。在加工程序中，F 是一个模态的值。

切削进给的速度是一个有方向的量，它的方向是刀具运动的方向，速度的大小为 F 的给定值与操作面板上的进给倍率开关给定倍率的乘积。

参与进给的各轴之间是插补的关系，它们运动合成即是切削进给运动。

6．程序结构

为运行机床而送到 CNC 的一组指令称为程序。在程序中，以刀具实际移动的顺序来指定指令。一组单步的顺序指令称为程序段。程序是由一系列加工的程序段组成的。用于区分每个程序段的号码称为顺序号,用于区分每个程序的号码称为程序号。

程序的结构如图 4.18 所示。

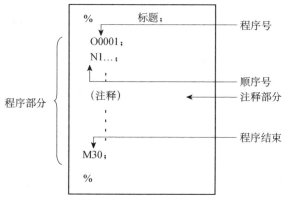

图 4.18 程序的结构

二、FANUC 0i Mate-MC 编程指令用法

1. 可编程功能

通过编程并运行这些程序使数控机床能够实现的功能我们称之为可编程功能。一般可编程功能分为两类:一类用来实现刀具轨迹控制即各进给轴的运动,如直线/圆弧插补、进给控制、坐标系原点偏置及变换、尺寸单位设定、刀具偏置及补偿等,这一类功能被称为准备功能,以字母 G 以及两位数字组成,也被称为 G 代码;另一类功能被称为辅助功能,用来完成程序的执行控制、主轴控制、刀具控制、辅助设备控制等功能。在这些辅助功能中,T××用于选刀,S××用于控制主轴转速。其他功能由以字母 M 与两位数字组成的 M 代码来实现。

2. 插补功能

(1) 快速定位 (G00)

格式:G00 IP_;

G00 就是使刀具以机床制造厂商对每个轴单独设定的移动速度移动到 IP_指定的位置,被指令的各轴之间的运动是互不相关的,刀具移动的轨迹不一定是一条直线。当各运动轴到达运动终点并发出位置到达信号后,CNC 认为该程序段结束,并转向执行下一程序段。

G00 编程举例:

起始点位置为 X-50.Y-75.,程序为 G00 X150.Y25.;将使刀具走出图 4.19 所示轨迹。

(2) 直线插补 (G01)

格式:G01 IP-F-;

G01 指令是刀具以 F 指定的进给速度沿直线移动到 IP 指定的位置。其轨迹是一条直线,F-指定了刀具沿直线运动的速度,单位为 mm/min。

假设当前刀具所在点为 X-50.Y-75.,则有如下程序段:

N1 G01 X150. Y25. F100;

```
N2 X50. Y75.;
```
将使刀具走出如图 4.20 所示轨迹。

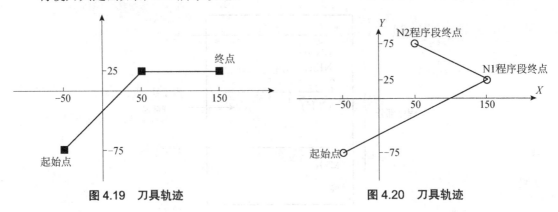

图 4.19　刀具轨迹　　　　　　　　　图 4.20　刀具轨迹

程序段 N2 并没有指令 G01，由于 G01 指令为模态指令，所以 N1 程序段中所指令的 G01 在 N2 程序段中继续有效，指令 F100 在 N2 段也继续有效，即刀具沿两段直线的运动速度都是 100mm/min。

（3）圆弧插补（G17/G18/G19）

圆弧插补指令与对应平面选择见表 4.5，可参考图 4.21。

表 4.5　圆弧插补指令与对应平面选择

G 功能	平面 （横坐标/纵坐标）	垂直坐标轴 （在钻削/铣削时的长度补偿轴）
G17	X/Y	Z
G18	Z/X	Y
G19	Y/Z	X

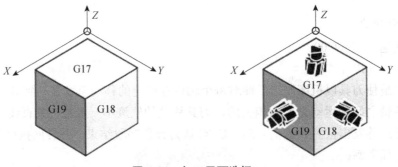

图 4.21　加工平面选择

当选择刀具补偿和圆弧插补时必须选择平面，当 G41/G42 生效时，不允许改变加工平面。下面所列的指令可以使刀具沿圆弧轨迹运动。

① 在 X-Y 平面：

```
G17 { G02 / G03 } X__ Y__ { (I__ J__) / R__ } F__;
```

② 在 Z-X 平面：

```
G18 { G02 / G03 } X__ Z__ { (I__ K__) / R__ } F__;
```

③ 在 Y-Z 平面：
G19 { G02 / G03 } Y__ Z__ {(J__ K__)/ R__ } F__；
圆弧编程指令与功能见表 4.6。

表 4.6 圆弧编程指令与功能

序号	数据内容	指令	功能
1	平面选择	G17	指定 X-Y 平面上的圆弧插补
		G18	指定 Z-X 平面上的圆弧插补
		G19	指定 Y-Z 平面上的圆弧插补
2	圆弧方向	G02	顺时针方向的圆弧插补
		G03	逆时针方向的圆弧插补
3	终点位置	X、Y、Z 中的两轴指令	当前工件坐标系中终点位置的坐标值
		X、Y、Z 中的两轴指令	从起点到终点的距离，有方向的
4	起点到圆心的距离	I、J、K 中的两轴指令	从起点到圆心的距离，有方向的
5	圆弧半径	R	圆弧半径
6	进给率	F	沿圆弧运动的速度

我们所讲的圆弧的方向，对于 X-Y 平面［如图 4.22（a）所示］来说，是由 Z 轴的正向往 Z 轴的负向看 X-Y 平面所看到的圆弧方向。同样，对于 Z-X 平面［如图 4.22（b）所示］或 Y-Z 平面［如图 4.22（c）所示］来说，观测的方向则应该是从 Y 轴或 X 轴的正向到 Y 轴或 X 轴的负向。

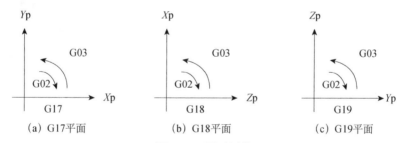

(a) G17 平面　　　　(b) G18 平面　　　　(c) G19 平面

图 4.22　圆弧插补

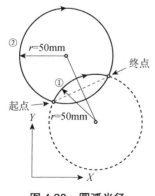

图 4.23　圆弧半径

R 的值有正负之分，一个正的 R 值用来编程一段小于 180°的圆弧，一个负的 R 值编程的则是一段大于 180°的圆弧。编程一个整圆只能使用给定圆心的方法。

如图 4.23 所示，圆弧①小于 180°，编程指令为 G91G02X60Y20R50F300；

圆弧②大于 180°，编程指令为 G91G02X60Y20R-50F300。

3．坐标系

（1）机床坐标系（G53）

格式：(G90) G53　IP_；

该指令使刀具以快速进给速度运动到机床坐标系中 IP_指定的坐标值位置，一般该指令在 G90 模态下执行。G53 指令是一条非模态的指令，也就是说它只在当前程序段中起作用。

机床坐标系零点与机床参考点之间的距离由参数设定，无特殊说明，各轴参考点与机床坐标系零点重合。

（2）工件坐标系（G54～G59）

在机床中，我们可以预置六个工件坐标系，通过在 CRT/MDI 面板上的操作，设置每一个工件坐标系原点相对于机床坐标系原点的偏移量，然后使用 G54～G59 指令来选用它们。G54～G59 都是模态指令，分别对应 1#～6# 预置工件坐标系。

G54 为第一工件坐标系，系统默认，在复杂的零件编程中可以用多个工件坐标起到简化程序计算的目的。G53 为取消可设定的零点偏移，后边的坐标值为机床的坐标。G53 为非模态代码，只有在 G90 状态下才有效，在相对坐标系下编程无效。

（3）局部坐标系（G52）

当在工件坐标系中编制程序时，为了方便编程，可以设定工件坐杯系的子坐标系，子坐标系称为局部坐标系。

机床坐标系、工件坐标系和局部坐标系的关系如图 4.24 所示。

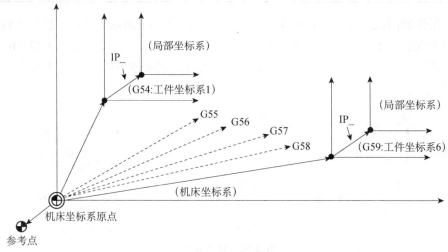

图 4.24　机床坐标系、工件坐标系和局部坐标系的关系

4．坐标值与尺寸

（1）绝对值编程（G90）和增量值编程（G91）

有两种指令刀具运动的方法：绝对值指令和增量值指令。在绝对值指令中，编程指定终点的坐标值；而在增量值指令中，编程指定移动的位移量。G90 和 G91 分别用于指令绝对值或增量值。

绝对值指令　G90 IP_；

增量值指令　G91 IP_；

如图 4.25 所示，绝对编程　G90X40Y70；增量编程　G91X-60Y40；

（2）极坐标指令（G15/G16）

终点的坐标值可以用极坐标（半径和角度）输入，如图 4.26 所示。

角度的正向是所选平面的第 1 轴正向沿逆时针转动的转向，而负向是沿顺时针转动的转向。

半径和角度均可以用绝对值指令或增量值指令（G90，G91）。

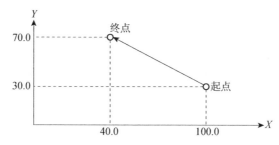

图 4.25　绝对值编程和增量值编程

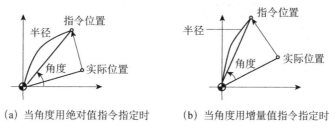

(a) 当角度用绝对值指令指定时　　(b) 当角度用增量值指令指定时

图 4.26　极坐标指令

5．刀具补偿功能

（1）刀具长度补偿（G43/G44/G49）

刀具长度补偿指令格式为 G43（G44）H__；指令可以将 Z 轴运动的终点向正向或负向偏移一段距离，这段距离等于 H 指令的补偿号中存储的补偿值，如图 4.27 所示。G43 或 G44 是模态指令，H__指定的补偿号也是模态地使用这条指令，编程人员在编写加工程序时就可以不必考虑刀具的长度而只须考虑刀尖的位置即可。刀具磨损或损坏后更换新的刀具时也不需要更改加工程序，可以直接修改刀具补偿值。

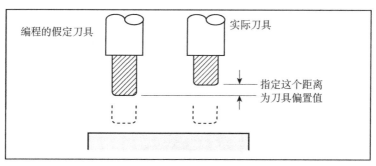

图 4.27　刀具长度偏置

G43 指令用于刀具长度补偿＋，也就是说 Z 轴到达的实际位置为指令值与补偿值相加的位置；G44 指令用于刀具长度补偿-，也就是说 Z 轴到达的实际位置为指令值减去补偿值的位置。H 的取值范围为 00～200。H00 意味着取消刀具长度补偿值。取消刀具长度补偿的另一种方法是使用指令 G49。NC 执行到 G49 指令或 H00 时，立即取消刀具长度补偿，并使 Z 轴运动到不加补偿值的指令位置。

（2）刀具半径补偿（G41/G42/G40）

当进行内、外轮廓的加工时，铣刀具有一定的半径，刀具中心（刀心）轨迹和工件轮廓不重合。

我们希望能够以轮廓的形状作为我们的编程轨迹，只需按工件轮廓线进行（粗实线），数控系统会自动计算刀心轨迹坐标，使刀具偏离工件轮廓一个半径值，即能够使刀具中心在编程轨迹的法线方向上距离编程轨迹的距离始终等于刀具的半径。这样的功能可以由 G41 或 G42 指令来实现。内、外轮廓刀具半径补偿示意如图 4.28 所示。

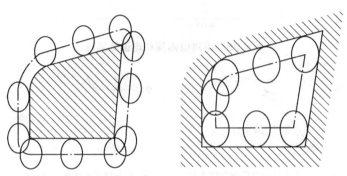

图 4.28　内、外轮廓刀具半径补偿示意图

① 径补偿过程：刀补的建立、刀补执行、刀补的取消，如图 4.29 所示。

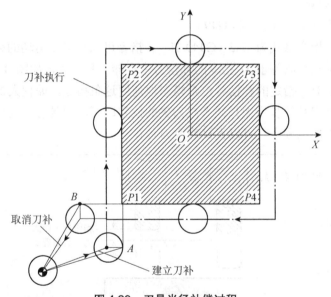

图 4.29　刀具半径补偿过程

② 刀具半径补偿办法及指令：G41、G42、G40。从垂直于所选平面的第三坐标轴的负方向、顺着刀具前进方向看：

G41　刀具左补偿指令，刀具位于工件轮廓左边；

G42　刀具右补偿指令，刀具位于工件轮廓右边；

G40　取消刀具补偿指令。

G41 和 G42 的区别如图 4.30 所示。

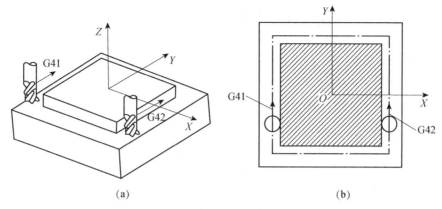

图 4.30 G41 和 G42 的区别

③ 刀具半径补偿指令格式。

建立刀补指令格式：

G17 G00/G01 G41/G42 X Y F D_;
G18 G00/G01 G41/G42 X Z F D_;
G19 G00/G01 G41/G42 Y Z F D_;

取消刀补指令格式：

G17 G40 G00/G01 X Y F;
G18 G40 G00/G01 X Z F;
G19 G40 G00/G01 Y Z F;

④ 使用刀具半径补偿的注意事项。

建立和取消刀补必须与 G00 或 G01 指令同时使用，且在补偿平面内移动距离应大于刀具半径补偿值。建立和取消刀补起始点和终止点最好与补偿方向在同一侧，以防止产生过切现象。建立刀具半径补偿后，不能出现连续两个程序段无选择平面的移动指令，否则刀具轨迹交点坐标产生过切。一般情况下刀具半径补偿量为正值。

铣孔要考虑顺铣、逆铣。如图 4.31 所示。

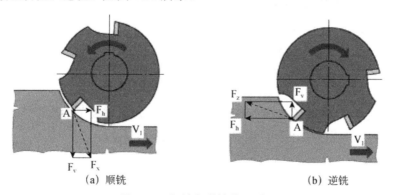

图 4.31 顺铣和逆铣的区别

顺铣：铣刀的走刀方向与在切孔点的切孔分力方向相同（一般用于精加工）。

逆铣：铣刀的走刀方向与在切孔点的切孔分力方向相反（一般用于粗加工）。

三、FANUC 0i Mate-MC 子程序简介

1. 主程序和子程序

加工程序分为主程序和子程序。NC 执行主程序的指令，但当执行到一条子程序调用指令时，NC 转向执行子程序，在子程序中执行到返回指令时，再回到主程序。

当加工程序需要多次运行一段同样的轨迹时，可以将这段轨迹编成子程序存储在机床的程序存储器中，每次在程序中需要执行这段轨迹时便可以调用该子程序。

当一个主程序调用一个子程序时，该子程序可以调用另一个子程序，这样的情况，我们称之为子程序的两重嵌套。一般机床可以允许最多达四重的子程序嵌套。在调用子程序指令中，可以指令重复执行所调用的子程序，可以指令重复最多达 999 次。

一个子程序应该具有如下格式：

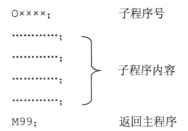

O××××；   子程序号
............;
............;   子程序内容
............;
............;
M99；   返回主程序

在程序的开始，应该有一个由地址 O 指定的子程序号。在程序的结尾，有返回主程序指令 M99。

在主程序中，调用子程序的程序段应包含如下内容：

M98 P×××××××;

在这里，地址 P 后面所跟的数字中，后面的四位用于指定被调用的子程序的程序号，前面的三位用于指定调用的重复次数。如：

M98 P51002；调用 1002 号子程序，重复 5 次。

M98 P1002；调用 1002 号子程序，重复 1 次。

M98 P250004；调用 4 号子程序，重复 25 次。

子程序调用指令可以和运动指令出现在同一程序段中：

G90 G00 X-75. Y50. Z53. M98 P40035;

该程序段指令 *X*、*Y*、*Z* 三轴以快速移动速度运动到指令位置，然后调用执行 4 次 35 号子程序。

子程序调用指令 M98 不能在 MDI 方式下执行，如果需要单独执行一个子程序，可以在程序编辑方式下编辑如下程序，并在自动运行方式下执行。

× ×××；
M98 P××××；
M02（或 M30）；

当子程序结束时，如果用 P 来指定一个顺序号，则控制不返回到调用子程序的程序段后的那个程序段，而是转向执行具有地址 P 指定的顺序号的那个程序段。

2．应用举例

如图 4.32 所示拱形凸台轮廓，毛坯尺寸为 95×70×15 硬铝板，刀具为直径 12mm 的立铣刀，刀具材料为高速钢，拱形凸台轮廓侧面要求表面粗糙度为 1.6μm，完成零件的加工编程。

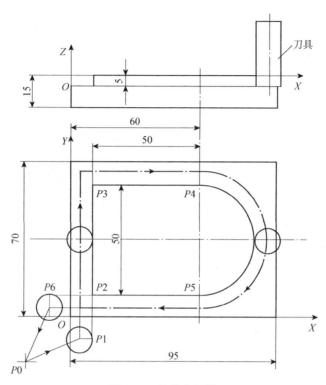

图 4.32　外轮廓精铣

（1）加工工艺分析

加工工艺分析参见图 4.33，过程如下。

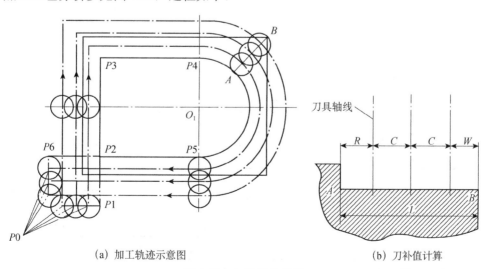

(a) 加工轨迹示意图　　　　　　(b) 刀补值计算

图 4.33　加工工艺分析

① 工件装夹、找正；
② 确定工艺路线；
③ 切孔用量选择；
④ 选择工件坐标系原点；
⑤ 坐标值计算；
⑥ 刀具半径补偿值的计算：确定粗加工轨迹行距值，确定刀具半径补偿值；
⑦ 用子程序简化编程。

（2）加工程序编制

① 子程序见表 4.7。

表 4.7 子程序

O0001		子程序名
N2	G01 Y60. F200;	$P1 \to P3$，进给速度为 200mm/min
N4	X60.;	$P3 \to P4$
N6	G02（X60.）Y10. R25.;	顺时针圆弧插补，$P4 \to P5$
N8	C01 X-10.;	$P5 \to P6$
N12	M99;	子程序结束，返回

② 主程序见表 4.8。

表 4.8 主程序

程序		注释
O1000		主程序名
N10	G90 G54 G00 Z100;	绝对坐标编程，调用工件坐标系 G54，刀具快移至 Z 轴正方向 100mm
N20	X-30. Y-30. M03 S1200;	定位至 $P0$ 点上方，主轴正转，转速为 1200r/min
N30	Z-5.;	快速下刀至 Z 轴负方向 5mm
N40	G41 G00 X10. Y-10. D01;	$P0 \to P1$，建立刀补，刀补地址为 D01，$R=21.5$mm
N50	M98 P1;	调用子程序，粗加工第 1 刀
N60	G00 G40 X-30. Y-30.;	$P6 \to P0$，取消刀补
N70	G41 G00 X10. Y-10. D02;	$P0 \to P1$，建立刀补，刀补地址为 D02，$R=13.8$mm
N80	M98 P1;	调用子程序，粗加工第 2 刀
N90	G00 G40 X-30. Y-30;	$P6 \to P0$，取消刀补
N100	G41 G00 X10. Y-10. D03;	$P0 \to P1$，建立刀补，刀补地址为 D03，$R=6.5$mm
N110	M98 P1;	调用子程序，粗加工第 3 刀
N120	G00 G40 X-30. Y-30.;	$P6 \to P0$，取消刀补
N130	G41 G00 X10. Y-10. D04;	$P0 \to P1$，建立刀补，刀补地址为 D04，$R=6$mm
N140	M98 P1;	调用子程序，精加工第 4 刀
N150	G00 G40 X-30. Y-30.;	$P6 \to P0$，取消刀补

四、FANUC 0i Mate-MC 固定循环

1. 孔加工循环（G73/G74/G76/G80~G89）

应用孔加工循环功能，使得其他方法需要几个程序段完成的功能在一个程序段内完成。如图4.34所示，循环由6个顺序动作组成：

① X轴和Y轴的定位（还可包括另一个轴）；
② 快速移动到R点；
③ 孔加工；
④ 孔底动作；
⑤ 返回R点；
⑥ 快速移动到初始点。

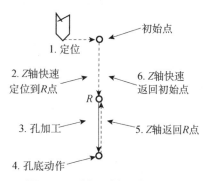

图 4.34 孔加工循环动作顺序

表 4.9 孔加工循环

G 代码	钻孔（Z轴负向）	孔底动作	回退（Z轴正向）	应用
G73	间歇进给	—	快速移动	高速深孔钻循环
G74	切孔进给	暂停—主轴正转	切孔进给	左旋攻丝循环
G76	切孔进给	主轴定向，让刀	快速移动	精镗循环
G80	—	—	—	取消循环
G81	切孔进给	—	快速移动	钻孔循环，钻中心孔
G82	切孔进给	暂停	快速移动	钻孔循环，锪镗循环
G83	间歇进给	—	快速移动	深孔钻循环
G84	切孔进给	暂停—主轴反转	切孔进给	攻丝循环
G85	切孔进给	—	切孔进给	镗孔循环
G86	切孔进给	主轴停	快速移动	镗孔循环
G87	切孔进给	主轴正转	快速移动	背镗循环
G88	切孔进给	暂停—主轴停	手动移动	镗孔循环
G89	切孔进给	暂停	切孔进给	镗孔循环

对孔加工循环指令的执行有影响的指令主要有 G90/G91（如图 4.35 所示）及 G98/G99 指令。

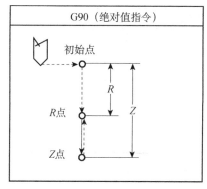
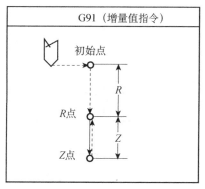

图 4.35 G90/G91 对孔加工循环指令的影响

G98/G99 决定循环在孔加工完成后返回 R 点还是起始点，G98 模态下，孔加工完成后 Z 轴返回起始点；在 G99 模态下则返回 R 点。

一般地，如果被加工的孔在一个平整的平面上，我们可以使用 G99 指令。因为 G99 模态下返回 R 点进行下一个孔的定位，而一般编程中 R 点非常靠近工件表面，这样可以缩短零件加工时间。但如果工件表面有高于被加工孔的凸台或筋时，使用 G99 时非常有可能使刀具和工件发生碰撞，这时，就应该使用 G98，使 Z 轴返回初始点后再进行下一个孔的定位，这样就比较安全。G98/G99 指令的区别见图 4.35。

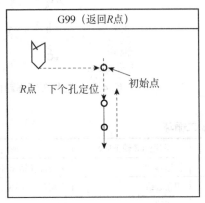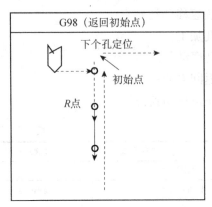

图 4.36　G98/G99 指令的区别

在 G73/G74/G76/G81～G89 后面，给出孔加工参数，格式如下：

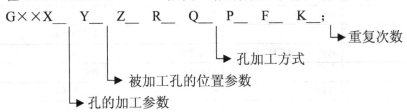

表 4.10 列示了孔加工参数的含义。

表 4.10　孔加工参数的含义

孔加工参数	参数说明
孔加工方式 G	见孔加工循环
被加工孔位置参数 X、Y	以增量值方式或绝对值方式指定被加工孔的位置
孔加工参数 Z	在绝对值方式下指定沿 Z 轴方向孔底的位置，在增量值方式下指定从 R 点到孔底的距离
孔加工参数 R	在绝对值方式下指定沿 Z 轴方向 R 点的位置，在增量值方式下指定从初始点到 R 点的距离
孔加工参数 Q	用于指定深孔钻循环 G73 和 G83 中的每次进刀量，精镗循环 G76 和反镗循环 G87 中的偏移量（无论 G90 或 G91 模态，总是增量值指令）
孔加工参数 P	用于孔底动作有暂停的循环中指定暂停时间
孔加工参数 F	用于指定循环中的切孔进给速率
重复次数 K	指定循环在当前定位点的重复次数，如果不指令 K，NC 认为 K=1；如果指令 L0，则循环在当前点不执行

由 G×× 指定的孔加工方式是模态的，使用 G80 或 01 组的 G 指令可以取消循环。孔加工参数也是模态的，在被改变或循环被取消之前也会一直保持，即使孔加工模态被改变。

重复次数 K 不是一个模态的值,它只在需要重复的时候给出。进给速率 F 则是一个模态的值,即使循环取消后它仍然会保持。

如果正在执行循环的过程中 NC 系统被复位,则孔加工模态、孔加工参数及重复次数 K 均被取消。

表 4.11 所列的例子可以让大家更好地理解以上所讲的内容。

表 4.11 程序举例

序号	程序内容	注释
1	S__M03;	给出转速,并指令主轴正向旋转
2	G81X__Y__Z__R__F__K__;	快速定位到 X、Y 指定点,以 Z、R、F 给定的孔加工参数,使用 G81 给定的孔加工方式进行加工,并重复 K 次。在循环执行的开始,Z、R、F 是必要的孔加工参数
3	Y__;	X 轴不动,Y 轴快速定位到指令点进行孔的加工,孔加工参数及孔加工方式保持 2 中的模态值。2 中的 K 值在此不起作用
4	G82X__P__K__;	孔加工方式被改变,孔加工参数 Z、R、F 保持模态值,给定孔加工参数 P 的值,并指定重复 K 次
5	G80X__Y__;	循环被取消,除 F 以外的所有孔加工参数被取消
6	G85X__Y__Z__R__P__;	由于执行 5 时循环已被取消,所以必要的孔加工参数除 F 之外必须重新给定
7	X__Z__;	X 轴定位到指令点进行孔的加工,孔加工参数 Z 在此程序段中被改变
8	G89X__Y__;	定位到 X、指令点进行孔加工,孔加工方式被改变为 G98。R、P 由 6 指定,Z 由 7 指定
9	G01X__Y__;	循环模态被取消,除 F 外所有的孔加工参数都被取消

下面我们将依次以图示方式讲解每个循环的执行过程。

2. G73(高速排屑钻孔循环)

指令格式:G73 X__Y__Z__R__Q__F__K__;

如图 4.37 所示,在高速排屑钻孔循环中,从 R 点到 Z 点的进给是分段完成的,每段切孔进给完成后 Z 轴向上抬起一段距离,然后再进行下一段的切孔进给。Z 轴每次向上抬起的距离为 d,每次进给的深度由孔加工参数 Q 给定。该循环主要用于径深比小的孔的加工,每段切孔进给完毕后 Z 轴抬起的动作起到了断屑的作用。

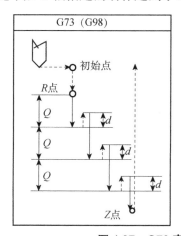
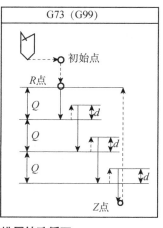

图 4.37 G73 高速排屑钻孔循环

3．G74（左旋攻丝循环）

指令格式：G74 X__Y__Z__R__P__F__K__；

G74 左旋攻丝循环如图 4.38 所示。在使用左旋攻丝循环时，循环开始以前必须使用 M04 指令使主轴反转，并且使 F 与 S 的比值等于螺距。另外，在 G74 或 G84 循环进行中，进给倍率开关和进给保持开关的作用将被忽略，即进给倍率被保持在 100%，而且在一个循环执行完毕之前不能中途停止。

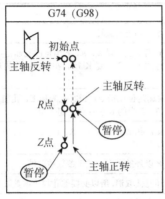 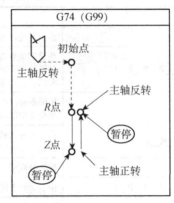

图 4.38　G74 左旋攻丝循环

4．G76（精镗循环）

指令格式：G76 X__Y__Z__R__Q__P__F__K__；

G76 循环如图 4.39 所示。X、Y 轴定位后，Z 轴快速运动到 R 点，再以 F 给定的速度进给到 Z 点，然后主轴定向并向给定的方向移动一段距离，再快速返回初始点或 R 点，返回后，主轴再以原来的转速和方向旋转。孔底的移动距离由孔加工参数 Q 给定，Q 始终应为正值。在使用该循环时，应注意孔底移动的方向是使主轴定向后，刀尖离开工件表面的方向，这样退刀时便不会划伤已加工好的工件表面，可以得到较好的精度和表面粗糙度，如图 4.40 所示。

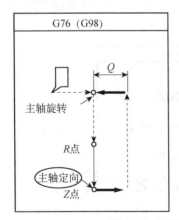 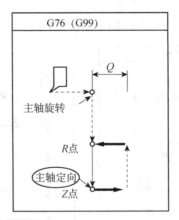 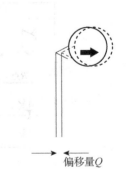

图 4.39　G76 精镗循环　　　　　　图 4.40　主轴定向刀具

5．G80（取消循环）

指令格式：G80；

G80 指令被执行以后，循环（G73，G74，G76，G81~G89）被该指令取消，R 点和 Z 点的参数以及除 F 外的所有孔加工参数均被取消。另外，01 组的 G 代码也会起到同样的作用。

6．G81（钻孔循环，钻中心孔循环）

指令格式：G81 X__Y__Z__R__F__K__；

G81 是最简单的循环，它的执行过程为：X、Y 定位，Z 轴快进到 R 点，以 F 速度进给到 Z 点，快速返回初始点（G98）或 R 点（G99），没有孔底动作。G81 钻孔循环、钻中心孔循环见图 4.41。

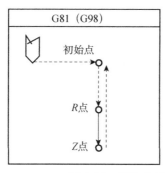 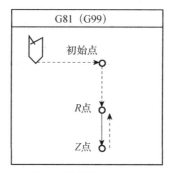

图 4.41　G81 钻孔循环、钻中心孔循环

7．G82（钻孔循环，锪镗循环）

指令格式：G82 X__Y__Z__R__P__F__K__；

如图 4.42 所示，G82 循环在孔底有一个暂停的动作，除此之外和 G81 完全相同。孔底的暂停可以提高孔深的精度。

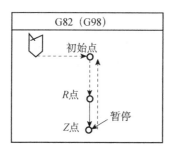 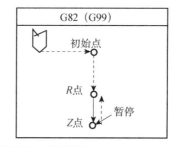

图 4.42　G82 钻孔循环、锪镗循环

8．G83（深孔钻循环）

指令格式：G83 X__Y__Z__R__Q__F__K__；

和 G73 指令相似，G83 指令下从 R 点到 Z 点的进给也分段完成。和 G73 指令不同的是，每段进给完成后，Z 轴返回的是 R 点，然后以快速进给速率运动到距离下一段进给起点上方 d 的位置开始下一段进给运动。G83 深孔钻循环如图 4.43 所示。

9．G84（攻丝循环）

指令格式：G84 X__Y__Z__R__P__F__K__；

G84 攻丝循环如图 4.44 所示。G84 循环除主轴旋转的方向完全相反外，其他与左螺纹攻丝循环 G74 完全一样。注意在循环开始以前指令主轴正转。

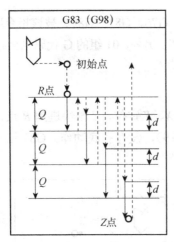 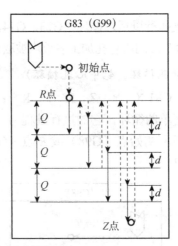

图 4.43　G83 深孔钻循环

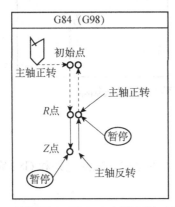 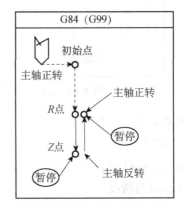

图 4.44　G84 攻丝循环

刚性攻丝方式：在攻丝循环 G84 或反攻丝循环 G74 的前一程序段指令 M29S××××；则机床进入刚性攻丝模态。NC 执行到该指令时，主轴停止，然后主轴正转指示灯亮，表示进入刚性攻丝模态，其后的 G74 或 G84 循环被称为刚性攻丝循环。由于刚性攻丝循环中，主轴转速和 Z 轴的进给严格成比例同步，因此可以使用刚性夹持的丝锥进行螺纹孔的加工，并且还可以提高螺纹孔的加工速度，提高加工效率。使用 G80 和 01 组 G 代码都可以解除刚性攻丝模态，另外复位操作也可以解除刚性攻丝模态。

使用刚性攻丝循环需注意以下事项：

① G74 或 G84 中指令的 F 值与 M29 程序段中指令的 S 值的比值（F/S）即为螺纹孔的螺距值。

② 在 M29 指令和循环的 G 指令之间不能有 S 指令或任何坐标运动指令，不能在攻丝循环模态下指令 M29。

③ 不能在取消刚性攻丝模态后的第一个程序段中执行 S 指令。

④ 不要在试运行状态下执行刚性攻丝指令。

10．G85（镗孔循环）

指令格式：G85 X__ Y__ Z__ R__ F__ K__；

该循环执行过程如下：X、Y 定位，Z 轴快速到 R 点，以 F 给定的速度进给到 Z 点，以 F 给定速度返回 R 点，如果在 G98 模式下，返回 R 点后再快速返回初始点，如图 4.45 所示。

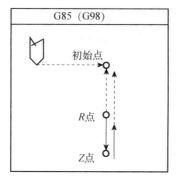 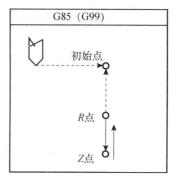

图 4.45　G85 镗孔循环

11．G86（镗孔循环）

指令格式：G86 X＿Y＿Z＿R＿F＿K＿；

该循环的执行过程和 G81 相似，不同之处是 G86 中刀具进给到孔底时使主轴停止，快速返回到 R 点或初始点时再使主轴以原方向、原转速旋转，如图 4.46 所示。

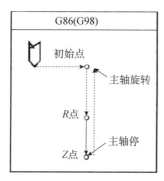 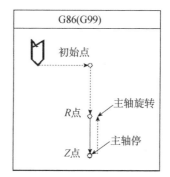

图 4.46　G86 镗孔循环

12．G87（背镗循环）

指令格式：G87 X＿Y＿Z＿R＿Q＿P＿F＿K＿；

G87 背镗循环如图 4.47 所示。G87 循环中，X、Y 轴定位后，主轴定向，X、Y 轴向指定方向移动由加工参数 Q 给定的距离，以快速进给速度运动到孔底（R 点），X、Y 轴恢复原来的位置，主轴以给定的速度和方向旋转，Z 轴以 F 给定的速度进给到 Z 点；然后主轴再次定向，X、Y 轴向指定方向移动 Q 指定的距离，以快速进给速度返回初始点，X、Y 轴恢复定位位置，主轴开始旋转。

该指令不能使用 G99，注意事项同 G76。

13．G88（镗孔循环）

指令格式：G88 X＿Y＿Z＿R＿P＿F＿K＿；

G88 镗孔循环如图 4.48 所示。G88 循环是带有手动返回功能的用于镗孔的循环。

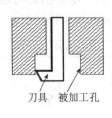 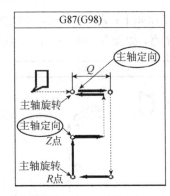

图 4.47　G87 背镗循环

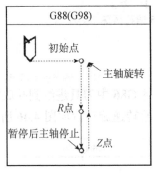 

图 4.48　G88 镗孔循环

14．G89（镗孔循环）

指令格式：G89 X＿Y＿Z＿R＿P＿F＿K＿；

G89 镗孔循环如图 4.49 所示，该循环在 G85 的基础上增加了孔底的暂停。

图 4.49　G89 镗孔循环

在图 4.37～图 4.49 所示循环图示中，采用以下方式表示各段的进给：

┄┄┄┄▶　　　表示以快速进给速率运动。

─────▶　　　表示以切孔进给速率运动。

┄┄┄┄▶　　　表示手动进给。

15．使用孔加工循环的注意事项

① 编程时需注意在循环指令之前，必须先使用 S 和 M 代码指定主轴旋转。

② 在循环模式下，包含 X、Y、Z、A、R 的程序段将执行循环，如果一个程序段不包含上列的任何一个地址，则在该程序段中将不执行循环，G04 中的地址 X 除外。另外，G04 中的地址 P 不会改变孔加工参数中的 P 值。

③ 孔加工参数 Q、P 必须在循环被执行的程序段中被指定，否则指令的 Q、P 值无效。

④ 在执行含有主轴控制的循环（如 G74，G76，G84 等）过程中，刀具开始切孔进给时，主轴有可能还没有达到指令转速。这种情况下，需要在孔加工操作之间加入 G04 暂停指令。

⑤ 01 组的 G 代码也起到取消循环的作用，不要将循环指令和 01 组的 G 代码写在同一程序段中。

⑥ 如果执行循环的程序段中指令了一个 M 代码，M 代码将在循环执行定位时被同时执行，M 指令执行完毕的信号在 Z 轴返回 R 点或初始点后被发出。使用 K 参数指令重复执行循环时，同一程序段中的 M 代码在首次执行循环时被执行。

⑦ 在循环模式下，刀具偏置指令 G45～G48 将被忽略（不执行）。

⑧ 单程序段开关置上位时，循环执行完 X、Y 轴定位，快速进给到 R 点及从孔底返回（到 R 点或到初始点）后，都会停止。也就是说需要按循环启动按钮 3 次才能完成一个孔的加工。3 次停止中，前面的两次是处于进给保持状态，后面的一次是处于停止状态。

⑨ 执行 G74 和 G84 循环时，Z 轴从 R 点到 Z 点和 Z 点到 R 点两步操作之间如果按进给保持按钮的话，进给保持指示灯立即会亮，但机床的动作却不会立即停止，直到 Z 轴返回 R 点后才进入进给保持状态。另外 G74 和 G84 循环中，进给倍率开关无效，进给倍率为 100%。

五、FANUC 0i Mate-MC 宏程序

虽然子程序对编制相同加工操作的程序非常有用，但用户宏程序由于允许使用变量、算术和逻辑运算及条件转移，使得编制相同加工操作的程序更方便、更容易。可将相同加工操作编制为通用程序，如型腔加工宏程序和加工循环宏程序。使用时加工程序可用一条简单指令调出用户宏程序，和调用子程序完全一样。

1. 变量及系统变量

（1）变量

在常规的主程序和子程序内，总是将一个具体的数值赋给一个地址。为了使程序更具有通用性、更加灵活，在宏程序中设置了变量，即将变量赋给一个地址。

① 变量的表示。变量可以用"#"号和跟随其后的变量序号来表示，$\#i$（$i=1, 2, 3, \cdots$）例如：#5=#6+1；

G01 X#109 F300；

② 变量的类型。变量根据变量号可以分成四种类型，见表 4.12。公共变量是在主程序和主程序调用的各用户内公用的变量。在一个宏指令中的$\#i$与在另一个宏指令中的$\#i$是相同的。其中#100～#131 公共变量在电源断电后即清零，重新开机时被设置为"0"；对于#500～#531 公共变量即使断电后，它们的值也保持不变，因此也称为保持性变量。

表 4.12 变量类型

变量号	变量类型	功能
#0	空变量	该变量总是空，没有值能赋给该变量
#1~#33	局部变量	只能用在宏程序中存储数据，例如，运算结果。当断电时局部变量被初始化为空。调用宏程序时，自变量对局部变量赋值
#100~#199 #500~#999	公共变量	在不同的宏程序中的意义相同。当断电时，变量#100~#199 初始化为空。变量#500~#999 的数据保存，即使断电也不丢失
#1000~	系统变量	用于读和写 CNC 运行时各种数据的变化，例如，刀具的当前位置和补偿值

③ 变量值的范围。局部变量和公共变量可以有 0 值或 -10^{47}~-10^{-29} 一个值或 10^{-29}~10^{47} 一个值，如果计算结果超出有效范围则发出 P/S 报警。

④ 变量的引用。将跟随在一个地址后的数值用一个变量来代替，即引入了变量。

例如：对于 F#103，若#103=50 时，则为 F50；

对于 Z-#110，若#110=100，则 Z 为-100；

对于 G#130，若#130=3 时，则为 G03。

（2）系统变量

系统变量用于读和写 NC 内部数据，包括刀具偏置变量、接口的输入/输出信号变量、位置信息变量等。

系统变量的序号与系统的某种状态有严格的对应关系。例如，刀具偏置序号为#01~#99，这些值可以用变量替换的方法加以改变。

2．算术与逻辑运算

该类指令可以在变量中执行，运算符右边的表达式可包含常量和/或由函数或运算符组成的变量。表达式中的变量#j 和#k 可以用常数赋值左边的变量，也可以用表达式赋值。算术与逻辑运算的功能格式见表 4.13。

表 4.13 算术与逻辑运算的功能格式

功能	格式	备注
定义	#i=#j	
加法 减法 乘法 除法	#i =#i+#k; #i =#i-#k; #i =#i*#k; #i =#i/#k;	
正弦 反正弦 余弦 反余弦 正切 反正切	#i=SIN[#j]; #i=ASIN[#j]; #i=COS[#j]; #i=ACOS[#j]; #i=TAN[#j]/[#k]; #i=ATAN[#j]/[#k];	角度单位为度，90°30′表示为 90.5°
平方根 绝对值 含入	#i=SQRT[#j]; #i=ABS[#j]; #i=ROUND[#j];	

(续表)

功能	格式	备注
上取整 下取整 自然对数 指数函数	#i=FIX[#j]; #i=FUP[#j]; #i=LN[#j]; #i=EXP[#j];	
或 异或 与	#i=#j OR #k; #i=#j XOR #k; #i=#j AND #k;	逻辑运算一位一位地按二进制执行
从 BCD 转为 BJN 从 BIN 转 BCO	#i=BIN[#j]; #i=BCD[#j];	用于 PMC 的信变换

3．转移与循环

在程序中，使用某些语句可以改变控制的流向，有三种转移和循环操作可供使用。

（1）无条件转移指令

编程格式为：GOTO n；n 为顺序号（1～99999）。

例如：

GOTO 1；

GOTO #10；

（2）条件转移指令

有两种格式：

① IF［条件表达式］GOTO n。如果指定的条件表达式满足时，转移到标有顺序号 n 的程序段；如果指定的条件表达式不满足，执行下个程序段，执行顺序如下。

② IF［条件表达式］THEN。如果条件表达式满足，执行预先决定的宏程序语句，只执行一个宏程序语句。

条件表达式必须包括算符，算符插在两个变量中间或变量和常数中间，并且用括号［，］封闭，表达式可以替代变量。

运算符由两个字母组成，用于两个值的比较，以决定它们是相等还是一个值小于或大于另一个值。注意，不能使用不等号。运算符及其含义见表 4.14。

表 4.14　运算符及其含义

运算符	含义
EQ	等于（=）
NE	不等于（≠）
GT	大于（>）
GE	大于或等于（≥）
LT	小于（<）
LE	小于或等于（≤）

例如：程序计算数值 1～10 的总和。

O9500

#1=0　　　　　　　　　　　　　；存储和数变量的初值

```
#2=1                        ;被加数变量的初值
N1 IF [#2 GT 10] GOTO 2     ;当被加数大于 10 时转移到 N2
#1=#1+#2                    ;计算和数
#2=#2+#1                    ;下一个被加数
GOTO 1                      ;转到 N1
N2 M30                      ;程序结束
```

(3) 循环语句

编程格式为：WHILE [条件表达式] DO m（m=1，2，3）

　　　　　　　⋮

　　　　　　END m

"WHILE...END m" 程序的含义为：条件表达式满足时，程序段 DO m 至 END m 即重复执行；条件表达式不满足时，程序转到 END m 后执行。如果 WHILE [条件表达式] 部分被省略，则程序段 DO m～END m 之间的部分将一直重复执行。

注意：WHILE DO m 和 END m 必须成对使用；DO 语句允许有 3 层嵌套，DO 语句范围不允许交叉，即如下语句是错误的。

```
DO 1
DO 2
END 1
END 2
```

例如：计算数值 1～10 的总和。

```
O0001
#1=0;
#2=1;
WHILE [#2 LT 10] DO1;
#1=#1+#2;
#2=#2+1
END1;
M30;
```

4．宏程序调用

宏程序有许多种调用方式，其中包括非模态调用（G65），模态调用（G66，G67），用 G 代码、T 代码和 M 代码调用宏程序。

宏程序调用（G65）和子程序调用（G98）之间的差别：

① 用 G65，可以指定自变量（数据传送到宏程序）。M98 没有该功能。

② 当 M98 程序段包含另一个 NC 指令（例如，G01 X100.0 M98 Pp）时，在指令执行之后调用子程序。相反，G65 无条件地调用宏程序。

③ M98 程序段包含另一个 NC 指令（例如，G01 X100.0 M98 Pp），在单程序段方式中，机床停止。相反，用 G65 机床不停止。

④ 用 G65，改变局部变量的级别。用 M98，不改变局部变量的级别。

对于非模态调用，当指定 G65 时，以地址 P 指定的用户宏程序被调用，数据（自变量）能传递到用户宏程序体中。非模态调用示例如图 4.50 所示。

5. 宏程序应用实例

编制一个宏程序加工轮圆。如图 4.51 所示，圆周的半径为 I，起始角为 A，间隔为 B，钻孔数为 H，圆的中心是 (X, Y)。指令可以用绝对值或增量值指定。顺时针方向钻孔时 B 应指定负值。

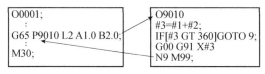
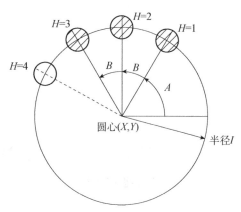

图 4.50　非模态调用示例　　　　图 4.51　宏程序加工轮圆

调用格式：G65 P9100 Xx Yy Zz Rr Ff Ii Aa Bb Hh；

X——圆心的 X 坐标（绝对值或增量值指定）（#24）；

Y——圆心的 Y 坐标（绝对值或增母值指定）（#25）；

Z——孔深（#26）；

R——趋近点坐标（#18）；

F——切削进给速度（#9）；

I——圆半径（#4）；

A——第一孔的角度（#1）；

B——增量角（指定负值时为顺时针）（#2）；

H——孔数（#11）。

宏程序调用程序：

```
00002;
G90 G92 X0 Y0 Z100.0;
G65 P9100 X100.0 Y50.0 R30.0 Z-50.0 F500 I100.0 A0 B45.0 H5;
M30;
```

宏程序（被调用的程序 O9100）

```
O9100;
#3=#4003; ----------------------------------储存 03 组 G 代码
G81 Z#26 R#18 F#9 K0; -----------------------注：钻孔循环；也可以使用 L0
```

```
IF[#3 EQ 90]GOTO 1;  ------------------------------在 G90 方式转移到 N1
#24=#5001+#24;  -------------------------------计算圆心的 X 坐标
#25=#5002+#25;  -------------------------------计算圆心的 Y 坐标
N1 WHILE[#11 GT 0]DO 1;  ---------------------直到剩余孔数为 0
#5=#24+#4*COS[#1];  ---------------------------计算 X 轴上的孔位
#6=#25+#4*SIN[#1];  ---------------------------计算 Y 轴上的孔位
G90 X#5 Y#6;  ---------------------------------移动到目标位置之后执行钻孔
#1=#1+#2;  -------------------------------------更新角度
#11=#11-1;  -------------------------------------孔数-1
END 1;
G#3 G80;  --------------------------------------返回原始状态的 G 代码
M99;
```

第四节　SINMERIK 802D 数控铣床（加工中心）面板及各键功能

一、系统操作面板及各键功能

SINMERIK 802D 数控铣床系统操作面板如图 4.52 所示，各键功能见表 4.15。

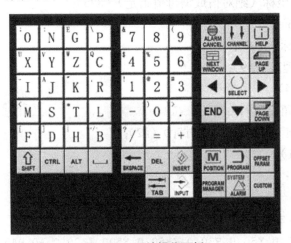

图 4.52　系统操作面板

表 4.15　各键功能

按键	功能	按键	功能
ALARM CANCEL	报警应答键	CHANNEL	通道转换键
HELP	信息键	NEXT WINDOW	未使用

（续表）

按键	功能	按键	功能
PAGE UP / PAGE DOWN	翻页键	END	
◀ ▲ ▶ ▼	光标键	SELECT	选择/转换键
POSITION	加工操作区域键	PROGRAM	程序操作区域键
OFFSET PARAM	参数操作区域键	PROGRAM MANAGER	程序管理操作区域键
SYSTEM ALARM	报警/系统操作区域键	CUSTOM	
0	字母键 上档键转换对应字符	7	数字键 上档键转换对应字符
SHIFT	上档键	CTRL	控制键
ALT	替换键		空格键
BKSPACE	退格删除键	DEL	删除键
INSERT	插入键	TAB	制表键
INPUT	回车/输入键		

二、机床控制面板及各键功能

SINMERIK 802D 数控铣床控制面板如图 4.53 所示，各键功能见表 4.16。

图 4.53 机床控制面板

表 4.16 控制面板的各键功能

按键	功能	按键	功能
	增量选择键		点动
	参考点		自动方式
	单段		手动数据输入
	主轴正转		主轴翻转
	主轴停		
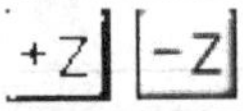 +Z -Z	Z轴点动	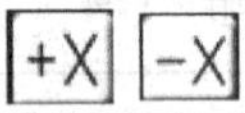 +X -X	X轴点动
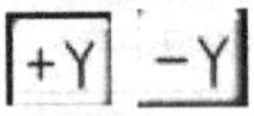 +Y -Y	Y轴点动		快进键
	复位键		数控停止
	数控启动		
	急停键		
	主轴速度修调		进给速度修调

第五节 SINMERIK 802D 系统数控铣床（加工中心）基本操作

一、手动操作

1. 开机返回参考点

接通 CNC 和机床电源，系统启动以后进入"加工"操作区 JOG 运行方式，出现"回参考点"窗口。

① 进入系统后，显示屏上方显示文字：3000，急停。按急停键，使急停键抬起，这时该行文字消失。

② 按下机床控制面板上的点动键 [图]，再按下参考点键 [图]，这时显示屏上 X、Y、Z

坐标轴后出现空心圆（见图 4.54）；

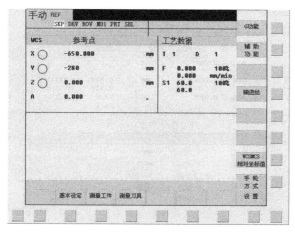

图 4.54　JOG 方式回参考点状态图

③ 分别按下 +Z 、 +X 、 +Y 键，机床上的坐标轴移动回参考点，同时显示屏上坐标轴后的空心圆变为实心圆，参考点的坐标值变为 0。

④ 按下刀盘回零键，机床上的刀盘移动回参考点，同时显示屏上坐标轴 SP 后的空心圆变为实心圆。

2．JOG 运行方式

（1）JOG 运行

① 按下机床控制面板上的点动键 ；

② 选择进给速度；

③ 按下坐标轴方向键，机床在相应的轴上发生运动。只要按住坐标轴键不放，机床就会以设定的速度连续移动。

（2）JOG 进给速度选择

使用机床控制面板上的进给速度修调旋钮 选择进给速度。

（3）快速移动

先按下快进按键 ，然后再按坐标轴按键，则该轴将产生快速运动。

（4）增量进给

① 按下机床控制面板上的"增量选择"按键 ，系统处于增量进给运行方式；

② 设定增量倍率；

③ 按一下"+X"或"-X"按键，X 轴将向正向或负向移动一个增量值；

④ 依同样方法，按下"+Y"、"-Y"、"+Z"、"-Z"按键，使 Y、Z 轴向正向或负向移动一个增量值；

⑤ 再按一次点动键可以去除步进增量方式。

（5）设定增量值

① 按"设置"下方的软键 ；

② 显示如图 4.55 所示窗口，可以在这里设定 JOG 进给率、增量值等；

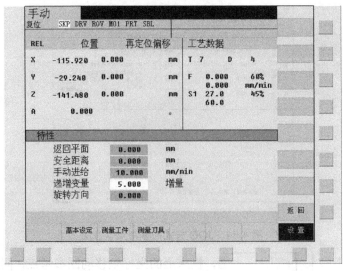

图 4.55　设定增量值

③使用光标键 ◀ ▶ 移动光标，将光标定位到需要输入数据的位置。光标所在区域为白色高光显示。如果刀具清单多于一页，可以使用翻页键进行翻页；

④按数控系统面板上的数字键，输入数值；

⑤按输入键 确认。

3．MDA 运行方式

① 按下机床控制面板上的 MDA 键，系统进入 MDA 运行方式，如图 4.56 所示。

② 使用数控系统面板上的字母、数字键输入程序段。例如，按字母键、数字键，依次输入 G00X0Y0Z0，屏幕上显示输入的数据。

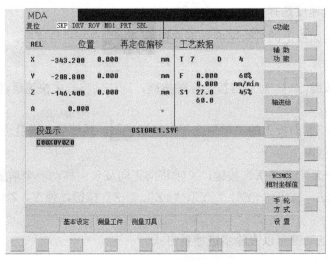

图 4.56　MDA 运行方式

③ 按数控启动键，系统执行输入的指令。

二、参数设定

1．输入刀具参数及刀具补偿参数

（1）按下系统控制面板上的参数操作区域键 [OFFSET PARAM]，显示屏显示参数设定窗，如图 4.57 所示。按软键，可以进入对应的菜单进行设置。用户可以在这里设定刀具参数、零点偏置等参数。

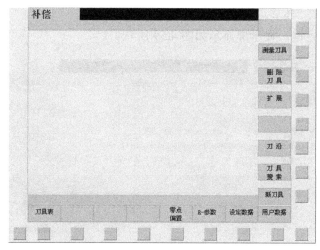

图 4.57　参数操作区域键对应的菜单

（2）设置刀具参数的基本方法。

① 按"刀具表"下方的软键 [刀具表]。

② 打开刀具补偿设置窗口（见图 4.58），该窗口显示所使用的刀具清单。

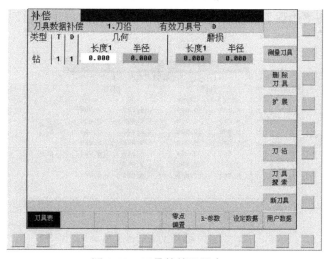

图 4.58　刀具补偿设置窗口

③ 使用光标键 ◀ ▶ 移动光标，将光标定位到需要输入数据的位置。光标所在区域为白色高光显示。如果刀具清单多于一页，可以使用翻页键进行翻页。

④ 按数控系统面板上的数字键，输入数值。

⑤ 按输入键 ![INPUT] 确认。

（3）建立新刀具

按新刀具软键，显示屏右侧出现钻孔和铣刀两个菜单项，可以设定两种类型刀具的刀具号。

例如，要建立刀具号为 6 的铣刀，其操作步骤如下：

① 按 [新刀具] 键。

② 按 [铣刀] 键，显示屏显示如图 4.59 所示。

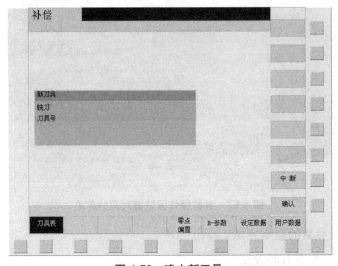

图 4.59　建立新刀具

③ 使用数控系统面板上的数字键，输入数字 6。

④ 按右下方的"确认"软键，完成建立。这时刀具清单里会出现新建立的刀具，如图 4.60 所示。

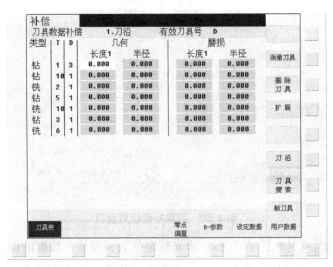

图 4.60　新建立的刀具

（4）软键及功能

软键及功能见表4.17。

表4.17 软键及功能

一级菜单	二级菜单	功能
测量刀具		手动确定刀具补偿参数
删除刀具		清除刀具所有刀沿的刀具补偿参数
扩展		显示刀具的所有参数
刀沿		按该键，进入下一级菜单，用于显示和设定其他刀沿
	D>>	选择下一级较高的刀沿号
	<D	选择下一级较低的刀沿号
	新刀沿	建立一个新刀沿
	复位刀沿	复位刀沿的所有补偿参数
刀具搜索		输入刀具号，搜索特定刀具（暂未开通）
新刀具		建立新刀具的刀具补偿
	钻削	设定钻刀刀具号
	铣刀	设定铣刀刀具号

2．输入/修改零点偏置值

具体操作如下：

① 按"零点偏置"下方的软键 [零点偏置]。

② 屏幕上显示可设定零点偏置的情况，如图4.61所示。

③ 使用光标键 ◀ ▶ 移动光标，将光标定位到需要输入数据的位置。光标所在区域为白色高光显示。

④ 按数控系统面板上的数字键，输入数值。

⑤ 按输入键 [INPUT] 确认。

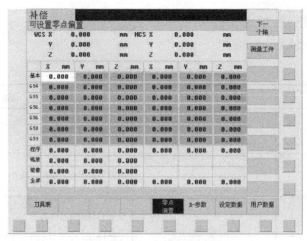

图 4.61　可设定零点偏置

三、程序窗口

1. 输入程序

具体操作如下：

① 在数控系统面板按下软键"程序"，打开程序窗口（见图4.62），显示已存在的程序目录。

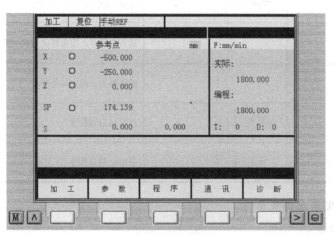

图 4.62　程序窗口

② 窗口中有程序等软键，可以按"菜单扩展"键 >，显示更多的软键。下面列出软键及其功能。

　　选 择：选择用光标定位的、待执行的程序，然后按数控启动键启动程序。

　　打 开：打开光标定位的待执行程序。

　　新程序：用于输入新的程序。

　　拷 贝：用于把选择的程序拷贝到另一程序中。

　　删 除：用于删除光标定位的程序。

改名：用于更改光标所在的程序名。

③ 按下软菜单键"新程序" 新程序 ，出现如图 4.63 所示窗口。

④ 使用字母键，输入新程序名。

⑤ 按下软键"确认"，生成新程序文件，并可以对新生成的程序进行编辑。

2．编辑零件程序

具体操作如下：

① 按软键"程序"，打开程序目录窗口，如图 4.64 所示。

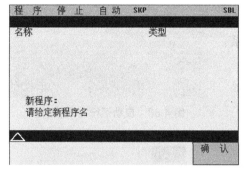

图 4.63　输入新程序界面

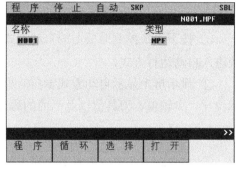

图 4.64　程序显示界面

② 用光标键选择待编辑的程序。

③ 按软键"打开"，打开选中的程序。

④ 屏幕上出现编辑窗口（见图 4.65），窗口中有编辑等软键，可以按"菜单扩展"键 ，显示更多的软键，相关软键介绍如下。

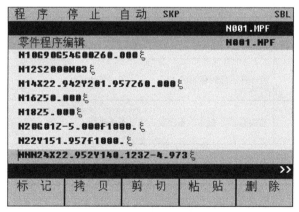

图 4.65　程序编辑窗口

标记：标记所需要的程序段。被标记的程序出现红色背景色，再按一下该键，可以取消标记。

拷贝：复制被标记的程序段。

剪切：剪切被标记的程序段。

粘贴：与"拷贝"或"剪切"键同时使用，将已复制或剪切的程序段粘贴到所需段。

删除：删除所标记的程序段。

[搜索]：按下该键，可以进入搜索窗口。输入需要搜索的文本，然后按软键"确认"。如果需要放弃搜索，可以按"返回"键[^]。

[关闭]：按下该键，存储已完成的修改，并关闭文件，返回程序目录窗口。

[△]、[▽]：使光标在不同的行与字符间移动。

按软菜单键"关闭"[关闭]，存储修改情况并关闭此程序。

四、自动运行操作

1．进入自动运行方式

① 按下系统控制面板上的自动方式键[≡]，系统进入自动运行方式：

② 显示屏上显示自动方式窗口（见图4.66），显示位置、主轴值、刀具值以及当前的程序段。

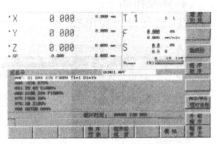

图4.66 自动运行方式状态图

2．软键

① 按自动方式窗口下方菜单栏上的"程序控制"软键[程序控制]；

② 显示屏右侧出现程序控制菜单的下一级菜单，其下的软键及功能见表4.18。

表4.18 软键及功能

按键	功能
测试	按下该键后，所有到进给轴和主轴的给定值被禁止输出，此时给定值区域显示当前运行数值
空运行进给	进给轴以设定数据中的设定参数空运行
有条件停止	程序在运行到有M01指令的程序段时停止运行
跳过	前面有"/"标志的程序段将跳过不予执行
单一程序段	每运行一个程序段，机床就会暂停
ROV有效	按快速修调键，修调开关对于快速进给会生效

3．选择和启动零件程序

① 按下自动方式键[≡]。

② 选择系统主窗口菜单栏"数控加工"—"加工代码"—"读取代码"命令，弹出Windows打开文件窗口，在计算机中选择事先做好的程序文件，选中并按下窗口中的"打开"键将其打开，这时显示窗口会显示该程序的内容，如图4.67所示。

③ 按数控启动键[◇]，系统执行程序。

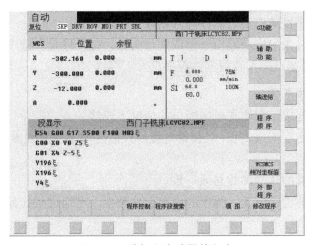

图 4.67 选择和启动零件程序

4．停止、中断零件程序

停止：按数控停止键 ▣，可以停止正在加工的程序，再按数控启动键 ◇，就能恢复被停止的程序。

中断：按复位键 ∥，可以中断程序加工，再按按数控启动键 ◇，程序将从头开始执行。

五、通过 RS-232 接口进行数据传输

通过 RS-232 接口可以实现数控机床与计算机的连接，实现网上传程，把机床里的数据读出或把已编好的程序传输到机床，实现了远程控制。但是要实现数据的传输 RS-232 接口必须首先与数据保护设备进行匹配。

1．操作顺序

① 打开"程序管理器"（见图 4.68），进入 NC 程序主目录。
② 通过 RS-232 接口读出存储零件程序。

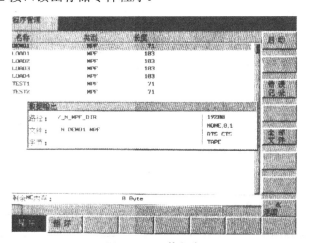

图 4.68 下载程序

③ 选择零件程序目录中所有文件并开始数据传送。
④ 从零件程序目录中启动输出一个或几个文件，按"停止"键中断传送过程。
⑤ 通过 RS-232 接口读入装载零件程序。

2．传输程序注意事项

① 传输电缆的连接一定要在机床断电的情况下连接。
② 传输线的长度不应该太长，且传输电缆经过的区域不能受强磁强电的干扰以免造成数据的丢失和变形。
③ 机床和计算机的传输参数必须一致。
④ 如果要传输的程序太大，机床的内存无法装下，可通过执行外部程序进行加工。

第六节　SIEMENS 系统数控铣床（加工中心）编程与操作

一、SINMERIK 802D 数控铣床（加工中心）系统功能简介

1．准备功能

准备功能主要用来指令机床或数控系统的工作方式。SINMERIK 802D 系统数控铣床 G 指令代码及编程应用见表 4.19。

表 4.19　G 准备功能指令代码及编程应用

地址	说明	编程
G00	快速点定位	G00X_Y_Z_
G01	直线插补	G01X_Y_Z_F_
G02	顺时针圆弧插补	G02X_Y_I_J_F_（两点圆心） G02X_Y_CR=_F_（两点半径） G02X_Y_AR=_F_（两点角度） G02I_J_AR=_F_（一点圆心角度）
G03	逆时针圆弧插补	与 G02 同
G04	暂停时间	G04F_ 或 G04S_ 应放在单独的程序段
G05	三点圆弧插补	G05X_Y_Z_IX=_JY=_KZ=_;
G17	X/Y 平面	
G18	Z/X 平面	只对圆弧编程和刀具半径补偿有效，对直线插补不起作用
G19	Y/Z 平面	
G40	刀具半径补偿方式取消	
G41	刀具半径左补偿	
G42	刀具半径右补偿	
G53	程序段方式取消零点偏置	
G54~G59	可设定零点偏置	模态有效
G70	英制尺寸	

（续表）

地址	说明	编程
G71	公制尺寸	
G74	自动回零指令	G74 X_Y_Z_;
G90	绝对坐标	
G91	相对坐标	
TRANS	可编程偏置	TRANS X_Y_Z_；成对出现，后边不带坐标表示取消
ROT	可编程旋转	ROT RPL=_；成对出现，后边不带角度表示取消
SCALE	可编程比例系数	SCALE X_Y_Z_；在所给定轴方向的比例系数，自身程序段
MIRROR	可编程镜像功能	MIRROR X0；改变方向的坐标值，自身程序段
D	刀具半径补偿号	
F	进给率	
I	插补参数	圆弧圆心相对于圆弧起点的坐标值
J	插补参数	
K	插补参数	
N	程序段号	
P	子程序调用次数	
RET	子程序结束	
S	主轴转速	
T	刀具号	
X	坐标轴	
Y		
Z		
AR	圆心角角度	
CR	圆弧插补半径	
CHF	倒角，一般使用	G01 X_Y_CHF=_;
CHR	倒角，轮廓连线	G01 X_Y_CHR=_;
I1	三点圆弧编程的中间点坐标	
J1		
K1		
RND	倒圆角半径	G01 X_Y_Z_RND=_;
RPL	旋转角度	
SIN	正弦	SIN（角度）
COS	余弦	COS（角度）
TAN	正切	TAN（角度）
SQRT	开平方	SQRT（数字）
R0 到 R299	计算参数	R0 到 R99 到可以自由使用； R100 到 R249 作为加工循环中的参数； R250 到 R299 作为加工循环的内部计算参数
GOTOB	向后跳转指令	
GOTOF	向前跳转指令	
IF	跳转条件	

2. 辅助功能

SINMERIK 802D 数控铣床系统常用的辅助功能 M 指令及功能同表 4.5 所列 M 代码列表。

3. F，T，S 功能

(1) F 功能

指定刀具轨迹速度，它是所有移动坐标轴速度的矢量和。坐标轴速度是刀具轨迹速度在坐标轴上的分量。

G94 直线进给率，mm/min（开机默认）；

G95 旋转进给率，mm/r（只有主轴旋转才起作用）。

(2) T 功能

刀具功能，用来定义刀具和换刀，在 SINMERIK 802D 系统中采用 T 刀具号+刀补号的形式来进行选刀和换刀。一个刀具可以匹配 1~9 个不同的数据组，可以用 D 及其对应的序号编程一个专门的切孔刃。如果没有编写 D 指令，则 D1 自动生效。如果编程 D0，则刀补值无效。

(3) S 功能

主轴功能，指定主轴转速或速度。例如 S500M03 表示主轴 500r/min，右转。

G25 S__ 主轴转速下限， 例 G25 S20 主轴转速下限为 20r/min；

G26 S__ 主轴转速上限， 例 G25 S800 主轴转速下限为 800r/min。

F 功能、T 功能、S 功能均为模态指令。

二、SINMERIK 802D 数控铣床（加工中心）编程指令用法

1. 米制和英寸制输入指令（G71/G70）

G71 和 G70 是两个互相取代的模态功能，机床出厂时一般设定为 G71 状态，机床的各项参数均以米制单位设定。

2. 位移编程指令（G0/G1/G02/G03）

(1) G00 快速点定位

G00 不进行铣孔，走刀路线并不一定是直线，而是受机床参数控制。

G00 走刀路径示例如图 4.69 所示。

(2) G01 直线插补

编程举例：槽加工参数如图 4.70 所示，加工程序如下。

```
N2 G54 G90 G17 G0 Z50
N4 X40 Y48
N6 S500 M3
N8 Z2
N10G1 Z-12 F100
N12X20 Y18 Z-10
N14G0 Z100
```

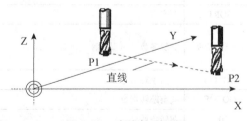

图 4.69 直线轨迹示例

N16 M2

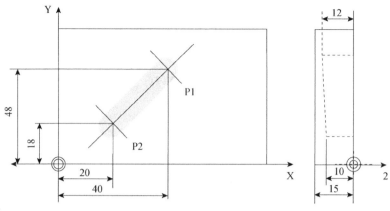

图 4.70 用键槽刀加工一个槽

（3）G02/G03 顺时针/逆时针圆弧插补

具体圆弧插补格式有以下 5 种：

① 用圆弧终点坐标和半径尺寸进行插补（见图 4.71），编程格式为

G02/G03 X_Y_Z_ CR=_F;

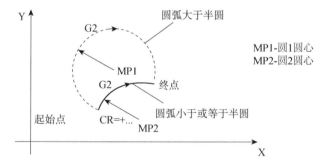

图 4.71 两点半径方式

② 用圆弧终点坐标和圆弧张角（圆弧所对应的圆心角）进行插补（见图 4.72），编程格式为

G02/G03 X_Y_AR=_F;

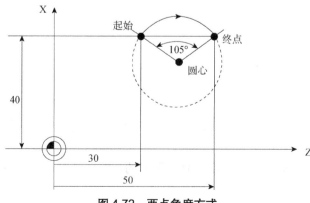

图 4.72 两点角度方式

③ 用圆心坐标和圆弧张角进行插补（见图 4.73），编程格式为

G02/G03 I_ J_ AR=_F;

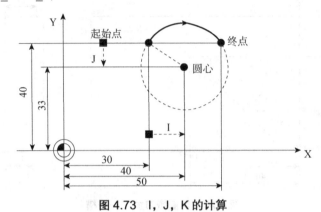

图 4.73 I，J，K 的计算

④ 用圆弧终点坐标和圆心坐标进行插补，编程格式为

G02/G03 X_Y_Z_ I_J_K_F;

⑤ 用圆弧终点坐标和中间点坐标进行插补（见图 4.74），编程格式为

G02/G03 X_Y_Z_ IX=_ JY=_KZ =_F_;

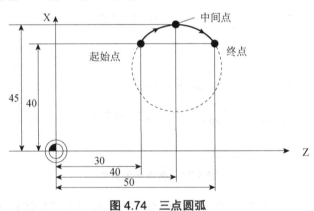

图 4.74 三点圆弧

注：X，Y，Z 始终为终点坐标

3．倒圆/倒角（CHF＝/RND＝）

在一个轮廓的拐角处可以插入倒角或倒圆，指令为 CHF=_ 或 RND=_，与加工拐角的轴运动指令一起写入程序段中。

CHF=_插入倒角，数值为倒角长度；

RND=_插入倒圆，数值为倒圆半径。

三、SINMERIK 802D 数控铣床（加工中心）子程序

如果程序包含的顺序或多次重复的图形的话，这样的顺序或图形可以编成子程序在存储器中储存，以简化编程。

子程序可以由主程序调用，被调用的子程序也可以调用另一个子程序，这个过程称为子程序嵌套。子程序的嵌套可以为三层，如图 4.75 所示。

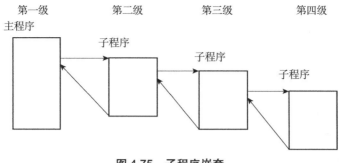

图 4.75　子程序嵌套

1．子程序编写格式

与主程序编写格式一致，SIEMEENS 系统子程序以两个字母开头，后面可以是字母、数字或下划线及 SPF 与子程序名一起输入，子程序结束用"RET，程序名"。如：给定新子程序名必须输入 DFDF .SPF；也可使用地址字 L，其后的数值可以有 7 位（只能为整数）例如 LWSDER，L123 等。

2．子程序调用格式

在一个程序中可以直接用子程序名来调用子程序，如果要连续调用子程序，则在子程序名后需加上 P 和调用次数。

如：DFDF P3 表示调用名为 DFDF 子程序，执行 3 次。

注：子程序调用要求占用一个独立的程序段。

四、SINMERIK 802D 数控铣床（加工中心）循环

循环是指用于特定加工过程的工艺子程序，比如用于攻丝或凹槽铣削等。循环在用于各种具体加工过程时只要改变参数就可以。

1．循环指令

（1）钻孔循环

CYCLE82　中心钻孔；

CYCLE83　深度钻孔；

CYCLE84　刚性攻丝；

CYCLE840　带补偿卡盘攻丝；

CYCLE85　铰孔；

CYCLE86　镗孔；

CYCLE88　镗孔时可以停止。

（2）钻孔样式循环

HOLES1　加工一排孔；

HOLES2 加工一圈孔。

（3）铣削循环

SLOT1 圆上切槽；

SLOT2 圆周切槽；

POCKET3 矩形凹槽；

POCKET3 矩形凹槽；

POCKET4 圆形凹槽；

CYCLE71 端面铣削；

CYCLE72 轮廓铣削。

2．编程举例

编程举例：中心钻孔 CYCLE82 刀具以编程的主轴速度和进给速度钻孔，直至到达给定的最终钻孔深度。在到达最终钻孔深度时可以指定一个停留时间，退刀时以快速移动速度进行。

中心钻孔参数说明见图 4.76、图 4.77。

使用 CYCLE82 程序在 XY 平面中的 X24、Y15 处加工一个深 27mm 的单孔。停顿时间是 2s，钻孔轴 Z 轴的安全间隙是 4mm。

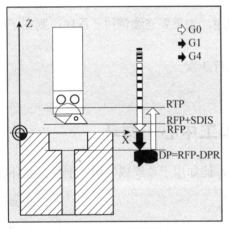 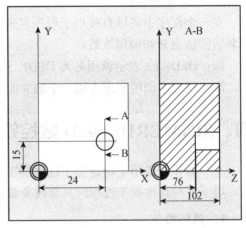

图 4.76 参数说明　　　　　　　　　图 4.77 CYCLE82 编程举例

N10 G0 G17 G90 F200 S300 M3；技术值的定义

N20 D1 T10 Z110；回到返回平面

N30 X24 Y15；回到钻孔位置

N40 CYCLE82 (110, 102, 4, 75,, 2)；具有最后钻孔深度绝对值和安全平面间隙的循环调用

N50 M30；程序结束

五、SINMERIK 802D 数控铣床（加工中心）宏程序

宏程序的本质是完成某一特殊功能的循环程序，为能实现向椭圆、椭半球、半球体、内外轮廓导角、导圆等功能，需要使用变量，变量间还需按一定的数学模型进行

计算,完成所需几何形状加工时,程序自动判断停止,它能有效提高数控机床性能。

1．计算参数 R

要使用一个程序不仅仅适用特定数值下的加工,也是可以使用计算参数。SINMERIK 系统宏程序应用的计算参数如下:

R0~R99——可自由使用;

R100~R249——加工循环传递参数(如程序中没有使用加工循环,这部分参数可自由使用);

R250~R299——加工循环内部计算参数(如程序中没有使用加工循环,这部分参数可自由使用)。

R 参数计算:

R1=R1+1   ;由原来的 R1 加上 1 后得到新的 R1

R1=R2+R3 R4=R5-R6 R7=R8*R9 R10=R11/R12

R13=SIN(25.3)   ;R13 等于正弦 25.3°

R14=R1*R2+R3   ;乘法和除法运算优先于加法和减法运算

                    R14=(R1*R2)+R3

R14=R3+R2*R1   ;与 N40 一样

R15=SQRT(R1* R1+ R2* R2)

                    ;意义:R15=$\sqrt{R1^2+R2^2}$

2．控制指令

控制指令主要有:

IF 条件 GOTOF 标号;

IF 条件 GOTOB 标号。

说明:IF——如果满足条件,跳转到标号处;如果不满足条件,执行下一条指令。

GOTOF——向前跳转。

GOTOB——向后跳转。

跳转分为绝对跳转和有条件跳转,跳转可以改变程序的运行顺序,程序跳转运行过程,如图 4.78 所示。

IF 条件语句表示有条件跳转,如果满足跳转条件,则进行跳转,跳转目标只能是有标记符的程序段,该程序段必须在此程序之内,且有条件跳转指令要求一个独立的程序段,在一个程序段中可以有许多条件跳转指令,但是格式必须为:

[()] 不能是 [()]

注:标记符用于标记程序中所跳转的目标程序段,用跳转功能可以实现程序运行分支,标记符可以自由选取,但必须由 2~8 个字母或数字组成,其中开始的两个符号必须是字母或下划线,跳转目标程序段中标记符后面必须为冒号,标记符位于程序段段首,如果程序段有段号,则标记符紧跟着段号,在一个程序中,标记符不能含有其他意义。

3．比较运算符

比较运算符见表 4.20。

图 4.78 跳转运行过程

表 4.20 比较运算符

运算符	意义
==	等于
<>	不等
>	大于
<	小于
>=	大于或等于
<=	小于或等于

用比较运算表示跳转条条件，计算表达式也可以用于比较运算。比较运算的结果有两种，一种为"满足"，另一种为"不满足"。不满足时该运算结果值为零。

4．编程举例

试用"R"参数编程的方法编制整圆（见图 4.79）的程序。

分析：若不用圆弧插补，可将圆均分成 360 份，再用直线插补连接。变量 R1=50 表示半径，R2=0 表示初始角度。

程序如下：

O0001

N10G54G42G90G00 Z100

N15X50Y0

N20 S600M03

N25Z2

N30G1Z-5F200

N35R1=50R2=0

N40AA：X=R1*COS (R2) Y=R1*SIN (R2)

N50R2=R2+1

N60IFR2＞＝0GOTOBAA

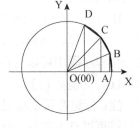

图 4.79 编程举例

N70G00Z50
N80M2

第七节　数控铣床（加工中心）加工实例

实例1　加工图4.80所示正八边形。

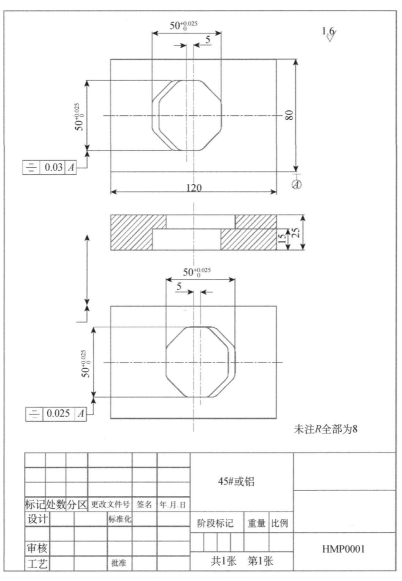

图4.80　正八边形

工艺分析：
① 钻孔；

② 铣深 10mm 正八边形；
③ 铣深 15mm 正八边形；

部分程序如下：

FANUC 系统	SINMERIK 系统
%	
O0001	HMP0001.MPF
T1M6……………（D12 麻花钻）	T1M6……………（D12 麻花钻）
G54 G00 G17 G90 G80 G40	G54 G00 G17 G90 G80 G40
G00 Z50	G00 Z50
X0 Y0	X0 Y0
M03 S800	M03 S800
G81Z-30R5F100	G81Z-30R5F100
G80	G80
G0Z100	G0Z100
M5	M5
T2M6……………（D10 立铣刀）	T2M6……………（D10 立铣刀）
G54 G00 G17 G90 G80 G40	G54 G00 G17 G90 G40
G00 Z50	G00 Z50
X0 Y0	X0 Y0
M03 S800	M03 S800
G0 Z5	G0 Z5
#1=-2	R1=-2
N10 G1 Z#1 F100 M8	AA1: G1 Z=R1 F100 M8
G41 D1 X10 Y0 F200	G41 D1 X10 Y0 F200
G3 I-10	G3 I-10
G1 X16	G1 X16
G3 I-16	G3 I-16
G1 X22 Y0	G1 X22 Y0
G3 I-22	G3 I-22
G1 X22 Y-5	G1 X22 Y-5
G3 X25 Y0 R20	G3 X25 Y0 CR=20
#2=[25*TAN[22.5]]	R2=25*TAN(22.5)
G1 Y#2, R8	G1 Y=R2RND=8
X#2 Y25, R8	X=R2Y25RND=8
X-#2, R8	X=-R2RND=8
X-25 Y#2, R8	X-25Y=R2RND=8
Y-#2, R8	Y=-R2RND=8
X-#2 Y-25, R8	X=-R2Y-25RND=8

X#2, R8	X=R2RND=8
X25 Y-#2, R8	X25 Y=-R2RND=8
Y0	Y0
G3 X22Y5 R20	G3 X22Y5 CR=20
G40 X0 Y0	G40 X0 Y0
#1=#1-2	R1=R1-2
IF [#1 GE -10] GOTO 10	IFR1 >= -10GOTOBAA1
G0 Z200 M9	G0 Z200 M9
M5	M5
G53 Y-20	G53 Y-20
M30	M30
%	

实例 2 外轮廓及孔加工。

毛坯为 120mm×60mm×10mm 板材，5mm 深的外轮廓已粗加工过，周边留 2mm 余量，要求加工出如图 4.81 所示的外轮廓及 ϕ20mm 的孔，工件材料为铝。

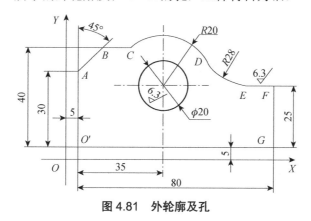

图 4.81 外轮廓及孔

1．确定工艺方案

根据图样要求、毛坯及前道工序加工情况，确定工艺方案及加工路线。

以底面为定位基准，两侧用压板压紧，于铣床工作台上。工步顺序如下：

① 钻孔 ϕ20mm。

② 按 O'ABCDEFG 线路铣孔轮廓。

2．选择机床设备

根据零件图样要求，选用经济型数控铣床即可达到要求。故选用华中 I 型（ZJK7532A 型）数控钻铣床。

3．选择刀具

采用 ϕ20mm 的钻头，定义为 T02，采用 ϕ5mm 的平底立铣刀，定义为 T01，并把该刀具的直径输入刀具参数表中。

4. 确定切孔用量

切孔用量的具体数值应根据该机床性能、相关的手册并结合实际经验确定，详见加工程序。

5. 确定工件坐标系和对刀点

在 XOY 平面内确定以 O 点为工件原点，Z 方向以工件表面为工件原点，建立工件坐标系。

6. 编写程序

按该机床规定的指令代码和程序段格式，把加工零件的全部工艺过程编写成程序清单。该工件的加工程序如下：

（1）加工 $\phi 20mm$ 孔程序（手工安装好 $\phi 20mm$ 钻头）

```
%1337
N0010G54 X5Y5Z5；设置对刀点
N0020G91；相对坐标编程
N0030G17G00X40Y30；在XOY平面内加工
N0040G98G81X40Y30Z-5R15F150；钻孔循环
N0050G00X5Y5Z50
N0060M05
N0070M02
```

（2）铣轮廓程序（手工安装好 $\phi 5mm$ 立铣刀，不考虑刀具长度补偿）

```
%1338
N0010G54X5Y5Z50
N0020G90G41G00X-20Y-10Z-5D01
N0030G01X5Y-10F150
N0040G01Y35F150
N0050G91
N0060G01X10Y10F150
N0070G01X11.8Y0
N0080G02X30.5Y-5CR=20
N0090G03X17.3Y-10CR=20
N0100G01X10.4Y0
N0110G03X0Y-25
N0120G01X-90Y0
N0130G90G00 X5Y5Z10
N0140G40
N0150M05
N0160M30
```

实例3 平面凸轮加工。

平面凸轮零件图如图4.82所示，工件的上、下底面及内孔、端面已加工。完成凸轮轮廓的加工程序编制。

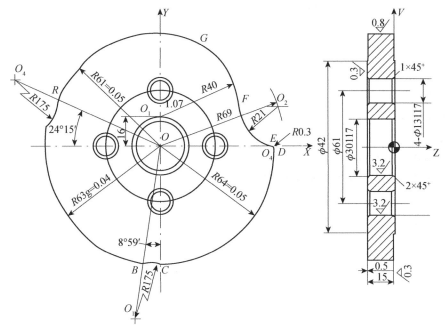

图 4.82 平面凸轮

1．工艺分析

从图的要求可以看出，凸轮曲线分别由几段圆弧组成，内孔为设计基准，其余表面包括 $4.\phi 13H7$ 孔均已加工。故取内孔和一个端面为主要定位面，在连接孔 $\phi 13$ 的一个孔内增加孔边销，在端面上用螺母垫圈压紧。

因为孔是设计和定位的基准，所以对刀点选在孔中心线与端面的交点上，这样很容易确定刀具中心与零件的相对位置。

2．加工调整

零件加工坐标系 X、Y 位于工作台中间，在 G53 坐标系中取 $X=-400$，$Y=-100$。Z 坐标可以按刀具长度和夹具、零件高度决定，如选用 $\phi 20$ 的立铣刀，零件上端面为 Z 向坐标零点，该点在 G53 坐标系中的位置为 $Z=-80$ 处，将上述三个数值设置到 G54 加工坐标系中，即 G54 中的坐标值为 $X=-400$，$Y=-100$，$Z=-80$。凸轮轮廓加工工序卡见表 4.21。

表 4.21 铣凸轮轮廓加工工序卡

材料	45	零件号	812		程序号	8121
操作序号	内容	主轴转速/ (r·min^{-1})	进给速度/ (r·min^{-1})	刀具		
				号数	类型	直径/mm
1	铣凸轮轮廓	2000	80，200	1	20mm 立铣刀	20

3．数字处理

该凸轮加工的轮廓均为圆弧组成，因而要计算出基点坐标，才可编制程序。在加工坐标系中，各点的计算坐标如下。

弧 BC 的中心 O_1 点：

$X=-(175+63.8)\ \sin8°59'=-37.28$

$Y=-(175+63.8)\ \cos8°59'=-235.86$

弧 EF 的中心 O_2 点：

$X^2+Y^2=69^2$

$(X-64)^2+Y^2=21^2$

$X=65.75$，$Y=20.93$

解之得

弧 HI 的中心 O_4 点：

$X=-(175+61)\cos24°15'=-215.18$

$Y=(175+61)\sin24°15'=96.93$

弧 DE 的中心 O_5 点：

$X^2+Y^2=63.7^2$

$(X-65.75)^2+(Y-20.93)^2=21.30^2$

$X=63.70$，$Y=-0.27$

解之得

B 点：

$X=-63.8\sin8°59'=-9.96$

$Y=-63.8\cos8°59'=-63.02$

C 点：

$X^2+Y^2=64^2$

$(X+37.28)^2+(Y+235.86)^2=175^2$

$X=-5.57$，$Y=-63.76$

解之得

D 点：

$(X-63.70)^2+(Y+0.27)^2=0.3^2$

$X^2+Y^2=64^2$

$X=63.99$，$Y=-0.28$

解之得

E 点：

$(X-63.7)^2+(Y+0.27)^2=0.3^2$

$(X-65.75)^2+(Y-20.93)^2=21^2$

$X=63.72$，$Y=-0.03$

解之得

F 点：

$(X+1.07)^2+(Y-16)^2=46^2$

$(X-65.75)^2+(Y-20.93)^2=21^2$

$X=44.79$，$Y=-19.6$

解之得

G 点：

$(X+1.07)^2+(Y-16)^2=46^2$

$X^2+Y^2=61^2$

$X=14.79$，$Y=59.18$

解之得

H 点：

$X=-61\cos24°15'=-55.62$

$Y=61\sin24°15'=25.05$

解之得

I 点：

$X^2+Y^2=63.80^2$

$(X+215.18)^2+(Y-96.93)^2=175^2$

$X=-63.02$，$Y=9.97$

根据上面的数值计算，可画出凸轮加工走刀路线，如图 4.83 所示。

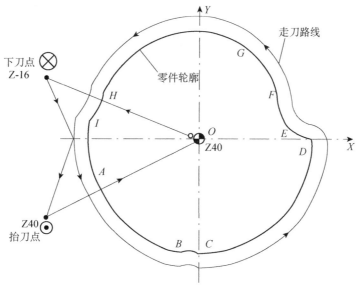

图 4.83 凸轮加工走刀路线

4．编写加工程序

加工程序及说明见表 4.22。

表 4.22 凸轮加工的程序及说明

程序	说明
N10 G54 X0 Y0 Z40	进入加工坐标系
N20 G90 G00 G17 X-73.8 Y20	由起刀点到加工开始点
N30 M03 S1000	启动主轴，主轴正转（顺铣）

(续表)

程序	说明
N40 G00 Z0	下刀至零件上表面
N50 G01 Z-16 F200	下刀切入工件，深度为工件厚度＋1mm
N60 G42 G01 X-63.8 Y10 F80 H01	刀具半径右补偿
N70 G01 X-63.8 Y0	切入零件至 A 点
N80 G03 X-9.96 Y-63.02 R63.8	切孔 AB
N90 G02 X-5.57 Y-63.76 R175	切孔 BC
N100 G03 X63.99 Y-0.28 R64	切孔 CD
N110 G03 X63.72 Y0.03 R0.3	切孔 DE
N120 G02 X44.79 Y19.6 R21	切孔 EF
N130 G03 X14.79 Y59.18 R46	切孔 FG
N140 G03 X-55.26 Y25.05 R61	切孔 GH
N150 G02 X-63.02 Y9.97 R175	切孔 HI
N160 G03 X-63.80 Y0 R63.8	切孔 IA
N170 G01 X-63.80 Y-10	切孔零件
N180 G01 G40 X-73.8 Y-20	取消刀具补偿
N190 G00 Z40	Z 向抬刀
N200 G00 X0 Y0 M05	返回加工坐标系原点，并停住轴
N210 M30	程序结束

实训自测题四

一、操作练习

1. 编写加工图 4.84～图 4.88 所示工件加工程序，并在数控铣床（加工中心）上进行切孔加工。

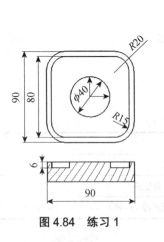

图 4.84　练习 1

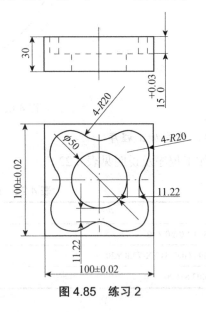

图 4.85　练习 2

- 172 -

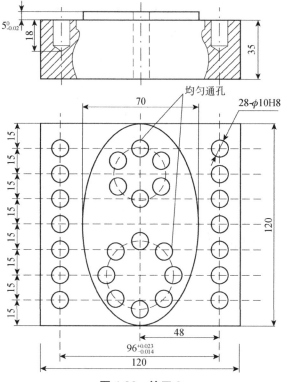

图 4.86 练习 3

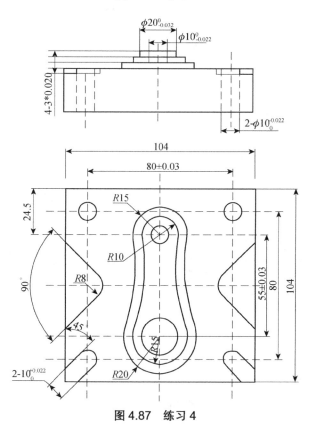

图 4.87 练习 4

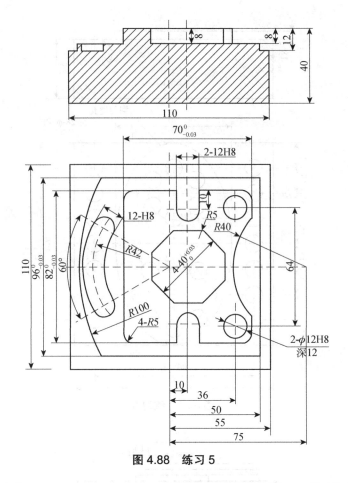

图 4.88 练习 5

2. 在预先处理好的 100mm×100mm×100mm 合金铝锭毛坯上加工图 4.89 所示的零件,其中正五边形外接圆直径为 80mm。

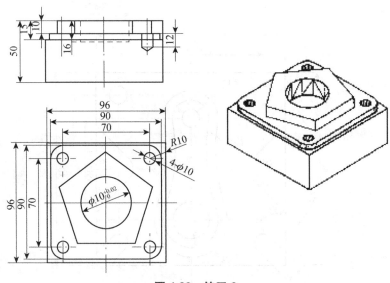

图 4.89 练习 6

二、自测思考题

1. 数控铣床有哪些加工功能？
2. G02/G03 指令有何区别？如何判断？
3. 在数控铣床上对工件进行安装定位时，应遵循哪些基本原则？
4. 列出数控铣床加工工件找正方法与步骤。

第三篇　能力提升篇

第五章　数控机床的保养与维护

1. 掌握数控机床日常维护和保养的基础知识，经过实训能正确维护保养机床。
2. 了解数控机床经常出现的故障报警信息，能自己完成诊断，对编程错误信息能修改。

1. 视频多媒体课件讲解。
2. 数控实训基地现场讲解。
3. 借助数控实训设备，现场实训。

理论课时 4 学时，现场教学 4 课时，实验 8 课时。

数控设备是一种价格昂贵的精密机电设备，随着企业对数控设备的大量使用，数控设备维护保养成了一个不容忽视的环节。数控维护保养技术不仅是保障数控设备正常运行的前提，同时对数控技术的发展和完善也起到了巨大的推动作用。本章就数控设备维护保养中的一些规律和应该注意的问题进行了整理，意在使其更好地为数控设备的使用与维护保养服务提供借鉴。

第一节　数控机床的维护与保养基础知识

精心维护可使设备始终保持良好状态，延缓劣化进程，并及时发现和消灭隐患，从而确保系统安全运行，保证企业的经济效益。因此，机床的正确使用与维护，是贯彻设备管理以防为主的重要环节。

一、数控机床的保养简介

1．长期不用数控车床的维护与保养

在数控车床闲置不用时，应经常给数控系统通电，在机床锁住情况下，使其空运行。在空气湿度较大的梅雨季节应该天天通电，利用电气元件本身发热驱走数控柜内的潮气，以保证电子部件的性能稳定可靠。

2．数控系统中硬件控制部分的维护与保养

每年让有经验的维修电工检查一次。检测有关的参考电压是否在规定范围内，如电源模块的各路输出电压、数控单元参考电压等，并经常清除灰尘；检查系统内各电气元件连接是否松动；检查各功能模块使用风扇运转是否正常并清除灰尘；检查伺服放大器和主轴放大器使用的外接式再生放电单元的连接是否可靠，清除灰尘；检测各功能模块使用的存储器后备电池的电压是否正常，一般应根据厂家的要求定期更换。对于长期停用的机床，应每月开机运行 4 小时，这样可以延长数控机床的使用寿命。

3．机床进给伺服电机的维护与保养

对于数控车床的伺服电动机，要在 10～12 个月进行一次维护保养，加速或者减速变化频繁的机床要在 2 个月进行一次维护保养。维护保养的主要内容有：用干燥的压缩空气吹除电刷的粉尘，检查电刷的磨损情况，如须更换，须选用规格相同的电刷，更换后要空载运行一定时间使其与换向器表面吻合；检查清扫电枢整流子以防止短路；如装有测速电机和脉冲编码器时，也要进行检查和清扫。数控车床中的直流伺服电机应每年至少检查一次，一般应在数控系统断电的情况下，并且电动机已完全冷却的情况下进行检查；取下橡胶刷帽，用螺钉旋具刀拧下刷盖取出电刷；测量电刷长度，如 FANUC 直流伺服电动机的电刷由 10mm 磨损到小于 5mm 时，必须更换同一型号的电刷；仔细检查电刷的弧形接触面是否有深沟和裂痕，以及电刷弹簧上是否有无打火痕迹。如有上述现象，则要考虑电动机的工作条件是否过分恶劣或电动机本身是否有问题。用不含金属粉末及水分的压缩空气导入装电刷的刷孔，吹净粘在刷孔壁上的电刷粉末。如果难以吹净，可用螺钉旋具尖轻轻清理，直至孔壁全部干净为止，但要注意不要碰到换向器表面。如果更换了新电刷，应使电动机空运行跑合一段时间，以使电刷表面和换向器表面相吻合。

4．机床测量反馈元件的维护与保养

检测元件采用编码器、光栅尺的较多，也有使用感应同下尺、磁尺、旋转变压器等。维修电工每周应检查一次检测元件连接是否松动，是否被油液或灰尘污染。

5．机床电气部分的维护与保养

具体检查可按如下步骤进行：

① 检查三相电源的电压值是否正常，有无偏相，如果输入的电压超出允许范围则进行相应调整。

② 检查所有电气连接是否良好。

③ 检查各类开关是否有效，可借助于数控系统 CRT 显示的自诊断界面及可编程机床控制器（PMC）、输入输出模块上的 LED 指示灯检查确认，若不良应更换。

④ 检查各继电器、接触器是否工作正常，触点是否完好，可利用数控编程语言编辑一个功能试验程序，通过运行该程序确认各元器件是否完好有效。

⑤ 检验热继电器、电弧抑制器等保护器件是否有效，等等。

⑥ 电气控制柜及操作面板显示器的箱门应密封，不能用打开柜门使用外部风扇冷却的方式降温。操作者应每月清扫一次电气柜防尘滤网，每天检查一次电气柜冷却风扇或空调运行是否正常。

6．机床液压系统的维护与保养

各液压阀、液压缸及管子接头是否有外漏；液压泵或液压马达运转时是否有异常噪声等现象；液压缸移动时工作是否正常平稳；液压系统的各测压点压力是否在规定的范围内，压力是否稳定；油液的温度是否在允许的范围内；液压系统工作时有无高频振动；电气控制或撞块（凸轮）控制的换向阀工作是否灵敏可靠，油箱内油量是否在油标刻线范围内；行位开关或限位挡块的位置是否有变动；液压系统手动或自动工作循环时是否有异常现象；定期对油箱内的油液进行取样化验，检查油液质量，定期过滤或更换油液；定期检查蓄能器的工作性能；定期检查冷却器和加热器的工作性能；定期检查和旋紧重要部位的螺钉、螺母、接头和法兰螺钉；定期检查更换密封元件；定期检查清洗或更换液压元件；定期检查清洗或更换滤芯；定期检查或清洗液压油箱和管道。操作者每周应检查液压系统压力有无变化，如有变化，应查明原因，并调整至机床制造厂要求的范围内。操作者在使用过程中，应注意观察刀具自动换刀系统、自动拖板移动系统工作是否正常；液压油箱内油位是否在允许的范围内，油温是否正常，冷却风扇是否正常运转；每月应定期清扫液压油冷却器及冷却风扇上的灰尘；每年应清洗液压油过滤装置；检查液压油的油质，如果失效变质应及时更换，所用油品应是机床制造厂要求的品牌或已经确认可代用的品牌；每年检查调整一次主轴箱平衡缸的压力，使其符合出厂要求。

7．机床气动系统的维护与保养

保证供给洁净的压缩空气，压缩空气中通常都含有水分、油分和粉尘等杂质。水分会使管道、阀和汽缸腐蚀；油液会使橡胶、塑料和密封材料变质；粉尘造成阀体动作失灵。选用合适的过滤器可以清除压缩空气中的杂质，使用过滤器时应及时排除和清理积存的液体，否则，当积存液体接近挡水板时，气流仍可将积存物卷走。保证空气中含有适量的润滑油，大多数气动执行元件和控制元件都有要求适度的润滑。润滑的方法一般采用油雾器进行喷雾润滑，油雾器一般安装在过滤器和减压阀之后。油雾器的供油量一般不宜过多，通常每 10m 的自由空气供 1mL 的油量（即 40~50 滴油）。检查润滑是否良好的一个方法是，找一张清洁的白纸放在换向阀的排气口附近，如果阀在工作三到四个循环后，白纸上只有很轻的斑点时，表明润滑是良好的。保持气动系统的密封性，漏气不仅增加了能量的消耗，也会导致供气压力的下降，甚至造成气动元件工作失常。严重的漏气在气动系统停止运行时，由漏气引起的噪声很容易发现；轻微的漏气则利用仪表，或用涂抹肥皂水的办法进行检查。保证气动元件中运动零件的灵敏性，从空气压缩机排出的压缩空气，包含有粒度为 0.01~0.08μm 的压缩机油微粒，在排气温度为 120~220℃ 的高温下，这些油粒会迅速氧化，氧化后油粒颜色变深，黏性增大，并逐步由液态固化成油泥。这种 μm 级以下的颗粒，一般过滤器无法滤除。当它们进入到换向阀后便附着在阀芯上，使阀的灵敏度逐步降低，甚至出现动作失灵。为了清除油泥，保证灵敏度，可在气动系统的过滤器之后安装油雾分离器，将油泥分离出。此外，定期清洗液压阀也可以保证阀的灵敏度。保证气动装置具有合适的工作压力和运动速度，调节工作压力时，压力表应当工作可靠，读数准确。减压阀与节流阀调节好后，必须紧固调压阀盖或锁紧螺母，防止松动。操作者应每天检查压缩空气的压力是否正常；过滤器需要手动排水的，夏季应两天排一次，冬季一周排一次；每月检查润滑器内的润滑油是否用完，及时添加规定品牌的润滑油。

8．机床润滑部分的维护与保养

各润滑部位必须按润滑图定期加油，注入的润滑油必须清洁。润滑处应每周定期加油一次，找出耗油量的规律，发现供油减少时应及时通知维修工检修。操作者应随时注意 CRT 显示器上的运动轴监控界面，发现电流增大等异常现象时，及时通知维修工维修。维修工每年应进行一次润滑油分配装置的检查，发现油路堵塞或漏油应及时疏通或修复。底座里的润滑油必须加到油标的最高线，以保证润滑工作的正常进行。因此，必须经常检查油位是否正确，润滑油应 5~6 个月更换一次。由于新机床各部件的初磨损较大，所以，第一次和第二次换油的时间应提前到每月换一次，以便及时清除污物。废油排出后，箱内应用煤油冲洗干净，包括床头箱及底座内油箱。同时清洗或更换滤油器。

9．可编程机床控制器（PMC）的维护与保养

对 PMC 与 NC 完全集成在一起的系统，不必单独对 PMC 进行检查调整；对其他两种组态方式，应对 PMC 进行检查。主要检查 PMC 的电源模块的电压输出是否正常；输入/输出模块的接线是否松动；输出模块内各路熔断器是否完好；后备电池的电压是否正常，必要时进行更换。对 PMC 输入/输出点的检查可利用 CRT 上的诊断界面用置位复位的方式检查，也可用运行功能试验程序的方法检查。

10．数控机床机械部分的维护与保养

（1）主轴部件的维护与保养

主轴部件是数控机床机械部分中的重要组成部件，主要由主轴、轴承、主轴准停装置、自动夹紧和切屑清除装置组成。

数控机床主轴部件的润滑、冷却与密封是机床使用和维护过程中值得重视的事项。

首先，良好的润滑效果，可以降低轴承的工作温度和延长使用寿命。为此，在操作使用中要注意到：低速时，采用油脂、油液循环润滑；高速时采用油雾、油气润滑方式。但是，在采用油脂润滑时，主轴轴承的封入量通常为轴承空间容积的 10%，切忌随意填满，因为油脂过多，会加剧主轴发热。对于油液循环润滑，在操作使用中要做到每天检查主轴润滑恒温油箱，看油量是否充足，如果油量不够，则应及时添加润滑油；同时要注意检查润滑油温度范围是否合适。

为了保证主轴有良好的润滑，减少摩擦发热，同时又能把主轴组件的热量带走，通常

采用循环式润滑系统,用液压泵强力供油润滑,使用油温控制器控制油箱油液温度。高档数控机床主轴轴承采用了高级油脂封存方式润滑,每加一次油脂可以使用 7~10 年。新型的润滑冷却方式不单要减少轴承温升,还要减少轴承内外圈的温差,以保证主轴热变形小。

常见主轴润滑方式有两种,油气润滑方式近似于油雾润滑方式,但油雾润滑方式是连续供给油雾,而油气润滑则是定时定量地把油雾送进轴承空隙中,这样既实现了油雾润滑,又避免了油雾太多而污染周围空气。喷注润滑方式是用较大流量的恒温油(每个轴承 3~4L/min)喷注到主轴轴承,以达到润滑、冷却的目的。这里较大流量喷注的油必须靠排油泵强制排油,而不是自然回流。同时,还要采用专用的大容量高精度恒温油箱,油温变动控制在±0.5℃。

其次,主轴部件的冷却主要是以减少轴承发热,有效控制热源为主。

最后,主轴部件的密封则不仅要防止灰尘、屑末和切削液进入主轴部件,还要防止润滑油的泄漏。主轴部件的密封有接触式和非接触式密封。对于采用油毡圈和耐油橡胶密封圈的接触式密封,要注意检查其老化和破损;对于非接触式密封,为了防止泄漏,重要的是保证回油能够尽快排掉,要保证回油孔的通畅。

综上所述,在数控机床的使用和维护过程中必须高度重视主轴部件的润滑、冷却与密封问题,并且仔细做好这方面的工作。

(2)进给传动机构的维护与保养

进给传动机构的机电部件主要有:伺服电动机及检测元件、减速机构、滚珠丝杠螺母副、丝杠轴承、运动部件(工作台、主轴箱、立柱等)。

这里主要介绍滚珠丝杠螺母副的维护与保养。

① 滚珠丝杠螺母副轴向的间隙的调整。

滚珠丝杠螺母副除了对本身单一方向的进给运动精度有要求外,对轴向间隙也有严格的要求,以保证反向传动精度。因此,在操作使用中要注意由于丝杠螺母副的磨损而导致的轴向间隙采用调整方法加以消除。

● 双螺母垫片式消隙。此种形式结构简单可靠、刚度好,应用最为广泛,在双螺母间加垫片的形式可由专业生产厂根据用户要求事先调整好预紧力,使用时装卸非常方便。

● 双螺母螺纹式消隙。利用一个螺母上的外螺纹,通过圆螺母调整两个螺母的相对轴向位置实现预紧,调整好后用另一个圆螺母锁紧。这种结构调整方便,且可在使用过程中,随时调整,但预紧力大小不能准确控制。

● 齿差式消隙。在两个螺母的凸缘上各制有圆柱外齿轮,分别与固紧在套筒两端的内齿圈相啮合,其齿数分别为 z_1、z_2,并相差一个齿。调整时,先取下内齿圈,让两个螺母相对于套筒同方向都转动一个齿,然后再插入内齿圈,则两个螺母便产生相对角位移,其轴向位移量为:

$$S=(1/z_1-1/z_2)P_h$$

式中,z_1、z_2 为齿轮的齿数,P_h 为滚珠丝杠的导程。

② 滚珠丝杠螺母副的密封与润滑的日常检查。

滚珠丝杠螺母副的密封与润滑的日常检查是我们在操作使用中要注意的事项。对于丝杠螺母的密封,就是要注意检查密封圈和防护套,以防止灰尘和杂质进入滚珠丝杠螺母副。

对于丝杠螺母的润滑，如果采用油脂，则定期润滑；如果使用润滑油时则要注意经常通过注油孔注油。

（3）机床导轨的维护与保养

机床导轨的维护与保养主要是导轨的润滑和导轨的防护。

① 导轨的润滑。导轨润滑的目的是减小摩擦阻力和摩擦磨损，以避免低速爬行和降低高温时的温升。因此导轨的润滑很重要。对于滑动导轨，采用润滑油润滑；而滚动导轨，则润滑油或者润滑脂均可。数控机床常用的润滑油的牌号有 l-an10、15、32、42、68。导轨的油润滑一般采用自动润滑，我们在操作使用中要注意检查自动润滑系统中的分流阀，如果它发生故障则会造成导轨不能自动润滑。此外，必须做到每天检查导轨润滑油箱油量，如果油量不够，则应及时添加润滑油；同时要注意检查润滑油泵是否能够定时启动和停止，并且要注意检查定时启动时是否能够提供润滑油。

② 导轨的防护。在操作使用中要注意防止切屑、磨粒或者切削液散落在导轨面上，否则会引起导轨的磨损加剧、擦伤和锈蚀。为此，要注意导轨防护装置的日常检查，以保证导轨的防护。

（4）回转工作台的维护与保养

数控机床的圆周进给运动一般由回转工作台来实现，对于加工中心，回转工作台已成为一个不可缺少的部件。因此，在操作使用中要注意严格按照回转工作台的使用说明书要求和操作规程正确操作使用，特别注意回转工作台传动机构和导轨的润滑。

第二节　数控机床的维护保养规范

为了使机床保持良好的状态，防止或减少事故的发生，把故障消灭在萌芽状态，除了发生故障应及时修理外，还应坚持定期检查，经常维护保养。

一、日常保养

1．班前保养

（1）擦净机床外露导轨及滑动面的尘土。

（2）按规定润滑各部位。

（3）检查各手柄位置。

（4）空车试运转。

2．班后保养

（1）打扫场地卫生，保证机床底下无切屑、无垃圾，保证工作环境干净。

（2）将铁屑全部清扫干净。

（3）擦净机床各部位，保持各部位无污迹，各导轨面（大、中、小）无水迹。

（4）各导轨面（大、中、小）和刀架加机油防锈。

(5)清理工、量、夹具,干净归位;部件归位。

(6)每个工作班结束后,应关闭机床总电源。

二、各部位定期保养

1．一级保养

(1)机床运行600h进行一级保养,以操作工人为主,维修工人配合进行。

(2)首先切断电源,然后进行保养工作(具体见表5.1)。

表5.1 数控机床一级保养内容及要求

序号	保养部位	保养内容及要求
一	外保养	1. 清洗机床外表面及各罩壳,保持内外清洁,无锈蚀,无黄袍。 2. 清洗导轨面,检查并修光毛刺。 3. 清洗长丝杆、光杆、操作杆,要求清洁无油污。 4. 补齐紧固螺钉、螺母、手球、手柄等机件,保持机床整齐。 5. 清洗机床附件,做到清洁、整齐、防锈
二	车头箱	1. 清洗滤油器。 2. 检查主轴螺母有无松动,定位螺钉调整适宜。 3. 检查调整摩擦片间隙及制动器。 4. 检查传动齿轮有无错位和松动
三	走刀箱挂轮架	1. 清洗各部位。 2. 检查、调整挂轮间隙。 3. 检查轴套,应无松动拉毛
四	刀架拖板	1. 拆洗刀架,调整中小拖板镶条间隙。 2. 拆洗、调整中小拖板丝杆螺母间隙
五	尾架	1. 拆洗丝杆、套筒。 2. 检查修光套筒外表及锥孔毛刺伤痕。 3. 清洗调整刹紧机构,拆洗丝杆、套筒
六	润滑	1. 清洗油线、油毡,保证油孔、油路畅通。 2. 油质、油量符合要求,油杯齐全,油标明亮
七	冷却	清洗冷却泵、过滤器、冷却槽、水管水阀,消除泄漏
八	数控	检查数控部分接头是否松动,清除积尘和油污
九	电器	1. 清洗电动机、电器箱。 2. 检查各电器元件触点,要求性能良好,安全可靠。 3. 检查、紧固接零装置

2．二级保养

(1)机床运行5 000h进行二级保养,以维修工人为主,操作工人参加,除执行一级保养内容及要求外,应做好相应工作(详见表5.2),并测绘易损件,提出备品配件。

(2)首先切断电源,然后进行保养工作。

表5.2 数控机床二级保养内容及要求

序号	保养部位	保养内容及要求
一	车头箱	1. 清洗主轴箱。 2. 检查传动系统,修复或更换磨损零件。 3. 调整主轴轴向间隙。 4. 清除主轴锥孔毛刺,以符合精度要求
二	走刀箱挂轮架	检查、修复或更换磨损零件

(续表)

序号	保养部位	保养内容及要求
三	刀架拖板	1. 拆洗刀架及拖板。 2. 检查、修复或更换磨损零件
四	溜板箱	1. 清洗溜板箱。 2. 调整开合螺母间隙。 3. 检查、修复或更换磨损零件
五	尾架	1. 检查、修复尾架套筒维度。 2. 检查、修复或更换磨损零件
六	润滑	清洗油池，更换润滑油
七	电器	1. 拆洗电动机轴承。 2. 检修、整理电器箱，应符合设备完好标准要求
八	精度	1. 校正机床水平，检查、调整、修复精度。 2. 调整数控尺寸和实际尺寸的误差，调整电流、电压在规定范围内。 3. 精度符合设备完好标准要求

三、数控机床维护与保养的具体方法（以数控铣床为例）

数控机床需要正确的维护与保养才能保证它的使用寿命，表 5.3 以数控铣床为例，列出了日常保养和阶段性维护的部位和检查要求。

表 5.3　数控铣床维护与保养的方法

序号	检查周期	检查部位	检查要求
1	每天	导轨润滑油箱	检查油量，及时添加润滑油，润滑油泵是否定时启动打油
2	每天	主轴润滑恒温油箱	工作是否正常，油量充足，温度范围是否合适
3	每天	机床液压系统	油箱油泵有无异常噪声，工作油面高度是否合适，压力表指示是否正常，管路及各接头有无泄漏
4	每天	压缩空气气源压力	气动控制系统压力是否在正常范围之内
5	每天	气源自动分水滤气器，自动空气干燥器	及时清理分水器中滤出的水分，保证自动空气干燥器工作正常
6	每天	气液转换器和增压器油面	油量不够时要及时补充
7	每天	X、Y、Z 轴导轨面	清除切屑和脏物，检查导轨面有无划伤损坏，润滑油是否充足
8	每天	各防护装置	导轨、机床防护罩等是否齐全有效
9	每天	电气柜各散热通风装置	各电气柜中散热风扇是否工作正常，风道过滤网有无堵塞，及时清洗过滤器
10	每天	冷却油箱、水箱	随时检查液面高度，及时添加油（或水），太脏时要更换。清洗油箱（水箱）和过滤器
11	每周	各电气柜过滤网	清洗沾附的尘土
12	不定期	废油池	及时取走存积在废油池中的废油，避免溢出
13	不定期	排屑器	经常清理切屑，检查有无卡住等现象
14	半年	检查主轴驱动皮带	按机床说明书要求调整皮带的松紧程度
15	半年	各轴导轨上镶条、压紧滚轮	按机床说明书要求调整松紧状态
16	一年	检查或更换直流伺服电动机碳刷	检查换向器表面，去除毛刺，吹净碳粉，及时更换长度过短的碳刷，并应跑合后才能使用

(续表)

序号	检查周期	检查部位	检查要求
17	一年	液压油路	清洗滤油器、油箱,过滤或更换液压油
18	一年	主轴润滑恒温油箱	清洗过滤器、油箱,更换润滑油
19	一年	润滑油泵,过滤器	清洗润滑油池,更换过滤器
20	一年	滚珠丝杠	清洗丝杠上旧的润滑脂,涂上新油脂

第三节　数控机床的故障分析与诊断

做好数控机床的故障修理工作,使其发挥应有的效率,不仅创造了实际价值,而且具有广泛的社会效益。维修工作开展得好坏,首先取决于维修人员的素质。维修人员在设备出现故障后,要能迅速找出故障并排除,其难度是相当大的。此能力并非一日之功就能达到的,需要维修人员做长期的技术储备(数控机床出现系统或者参数故障,只有专业维修人员才可以修改,一般操作者不可以自行修改)。

一、数控机床发生故障的原因

大致包括:机械锈蚀、磨损和失效;元器件老化、损坏和失效;电气元件、接插件接触不良;环境变化,如电流或电压波动、温度变化、液压压力和流量的波动以及油污等;随机干扰和噪声;软件程序丢失或被破坏等。此外,错误的操作也会引起数控机床不能正常工作。

二、数控机床系统可靠性与故障

1. 系统可靠性

系统可靠性是指系统在规定条件下和规定时间内完成规定功能的能力。

(1) 平均故障间隔时间 MTBF

它是指数控机床在使用中两次故障间隔的平均时间,即数控机床在寿命范围内总工作时间和总故障次数之比,即

$$MTBF=总工作时间/总工作时间$$

(2) 平均修复时间 MTTR

它是指数控机床从出现故障开始直至能正常使用所用的平均修复时间。

(3) 有效度 A

这是从可靠度和可维修度方面对数控机床的正常工作概率进行综合评价的尺度,是一台可维修的机床在某一段时间内,维持其性能的概率。

$$A=MTBF/MTBF+MTTR$$

2．数控机床的故障规律

故障是指系统在规定条件下和规定时间内丧失了规定的功能。

（1）初始运行期

初始运行期的特点是故障发生的频率高，系统的故障率为负指数曲线函数，如图 5.1 所示。

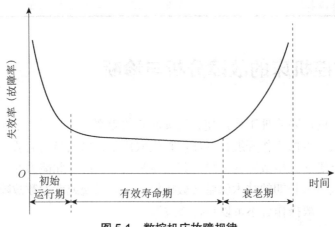

图 5.1　数控机床故障规律

（2）有效寿命期

数控机床在经历了初期的各种老化、磨合和调整后，开始进入相对稳定的正常运行期。在这个阶段，故障率低而且相对稳定，近似常数。

（3）衰老期

衰老期出现在数控机床使用的后期，其特点是故障率随着运行时间的增加而升高。

三、数控机床故障诊断及处理的基本原则

数控机床的大部分故障都以综合故障形式出现，判断与处理原则如下。

1．调查故障现场

机床故障发生后，维修人员首先向操作者了解机床在什么情况下出现故障，故障现象如何，操作者采取了什么措施。仔细观察数控装置的工作寄存器和缓冲工作寄存器中尚存的工作内容，了解已执行的程序内容及自诊断显示的报警内容，然后按数控系统的复位键，观察系统经清除复位后故障报警是否消失，如果消失多属于软件故障，否则是硬件故障。

对于非破坏性故障，有条件时可重演故障，观察现象，以验证分析是否正确。

2．寻找可能造成的故障的因素

数控机床出现的同一故障现象，其原因可能是多种多样的，有机械、电气及控制系统等造成。要准确地判断出现的环节和造成故障的原因，必须罗列有关因素。

例如行程开关工作不正常时，影响因素可能有以下几个方面：

（1）机械运动不到位，开关未压下。

(2) 机械设计结构不合理，开关松动或挡块太短等。
(3) 开关自身质量有问题。
(4) 开关选型不当。
(5) 防护措施不好，开关内进入了杂物，使其松动失常。

3．确定产生故障的原因

由于造成故障的因素很多，因此维修人员必须利用该机床的技术档案、现场经验和判断能力、维修人员的机电液等综合技术知识及必要的测试手段和仪器，最后确定可能的因素，然后通过必要的试验逐一寻找，确定故障源。

4．排除故障

当确定产生故障的原因之后就可以修理、调整有关的元件，使故障得以排除。

四、常见故障的诊断和处理

1．故障诊断一般原则

（1）直观法

这是一种最基本的方法，但要求维修人员有丰富的经验。维修者利用问、看、听、触、嗅的感观功能，注意发生故障时的各种光、声、味等异常现象，观察可能发生故障的每块印刷线路板的表面状况，以进一步缩小检查范围。

（2）自诊断功能法

现代的数控系统都具有较强的自诊断功能，能将检测到的故障以报警信号在 CRT 上显示，或点亮操作面板上各种报警指示灯。根据指示灯的提示，就可以迅速找出故障源。

（3）参数检查法

受外界的干扰或操作不慎而使个别参数丢失或变化，造成机床无法正常工作时，通过核对、修正参数的方法可能将故障排除。

（4）备件置换法

通过分析发现可能产生故障的是印制线路板时，可用备用的线路板替换。这种方法可逐步缩小故障因素范围，迅速找出存在故障的线路板。但需注意置换板后要对系统进行必要的调整，否则会使系统处于非最佳状态，甚至出现报警。

（5）测量比较法

利用印制线路板的检测端子来测量电路的电压和波形，以检查有关电器的工作状态是否正常。也可利用相同的两块板相互进行比较测量，来找出故障。

以上各种方法各有特点，实际应用时可按照不同的故障现象，同时选择几种方法灵活运用，这样才能产生较好的效果。

2．数控机床机械部分常见故障处理

数控机床机械结构部分的维修与普通机床有很多共同之处，可以参照机械修理手册进行处理。由于数控机床的电气控制功能增强，使得机械结构大为简化，因此机械故障大大减少。现介绍一些常见的机械故障。

（1）进给传动链故障

数控机床普遍采用滚珠丝杆，所以进给传动链故障大部分是由于运动质量下降造成的。如机械部件定位精度下降、反向间隙过大、机械爬行及轴承噪声过大等，这些故障多与运动部件预紧力调整、机械松动以及补偿环调整有关。

（2）主轴部件故障

由于主轴采用了调速电动机，数控机床主轴箱内部结构比较简单。主轴箱可能出现故障的部位有自动拉紧刀柄装置、自动变挡装置及主轴运动精度保持状况等。

（3）自动换刀装置故障

主要故障现象有：刀库运动故障、定位误差过大、机械手夹持刀柄不稳定及机械手运动误差过大等，造成换刀动作卡住。

（4）位置检查行程开关压合故障

为了保证数控机床的工作可靠性，大量采用了限制运动位置的行程开关。在机床长期工作中，运动部件特性的变化、压合开关的机械装置可靠性及行程开关本身的品质特性都影响机床的故障率。

（5）配套附件的可靠性故障

与数控机床配套的附件，如冷却装置、排屑器、导轨反护罩、冷却液防护罩、主轴冷却恒温油箱等的可靠性故障。

3．数控机床常见故障现象及处理方法

数控机床常见故障现象及处理方法见表5.4。

表5.4 数控机床常见故障现象及处理方法

故障现象	检查项目	故障处理方法
机床导轨润滑不良	检查供油器	加油到油标位置
	检查机床导轨的润滑油管	清除油管内管路阻塞物，更换压扁、破裂的油管，拧紧油管接头
	检查供油器的供油量情况	使供油器供油充分
机床滚珠丝杆副润滑状况不良	检查工作台、滑座、主轴箱及滚珠丝杆副	移动工作台、滑座、主轴箱，取下罩套，涂抹润滑脂
工作台 X 轴、滑座 Y 轴、主轴箱 Z 轴不能移动	检查机床各坐标轴与丝杆联轴器是否松动	拧紧联轴器上的螺钉
	检查工作台、滑座、主轴箱镶条	卸下压板，调整压板与导轨间隙
	检查工作台导轨面、滑座导轨面及主轴箱导轨面是否损伤	松开镶条止推螺钉用扳手顺时针旋转镶条螺栓，使三各坐标轴能灵活转动，然后锁紧止推螺钉
	检查工作台、滑座、主轴箱的润滑状况	用180号砂布修磨机床导轨面上的伤痕
噪声	检查工作台、滑座、主轴箱的润滑状况	改善润滑条件，使其润滑油量充分
工作台、滑座、主轴箱移动时有噪声	检查工作台、滑座、主轴箱丝杆轴承的压合情况	调整轴承压盖，使其压轴承端面，拧紧锁紧螺母
	检查工作台、滑座、主轴箱的丝杆轴承	如轴承破损更换新轴承
	检查电动机轴与丝杆联轴器是否有松动现象	如有松动，拧紧联轴器锁紧螺钉

(续表)

故障现象	检查项目	故障处理方法
主轴发热	检查主轴轴承是否损伤或轴承不清洁	更换坏轴承或清除脏物
	主轴前端盖与主轴箱压盖损伤	修磨主轴前端盖,使其压紧主轴前轴承,轴承与后端盖有一定的间隙
	润滑不良	涂抹润滑脂
主轴在强力切削时丢转或停转	电动机与主轴连接的带松动	移动电机座,张紧带,然后将电动机座锁紧
	带表面有油	用汽油清洗后擦干净,再装上
	带使用时间太久而失效	更换新带
主轴噪声	缺少润滑脂	涂抹润滑脂
	小带轮与大带轮转动平衡情况不佳	带轮上的平衡块脱落,重新进行动平衡
	主轴与电动机连接的带过紧	移动电机座,使带松紧合适
刀具不能夹紧或夹紧后不能松开	刀具不能夹紧:检查风泵气压,增压器是否漏气,刀具夹紧液压缸,刀具松夹弹簧上的螺母是否松动	调整气压在规定的范围内 往增压器中加油,修理增压器使其不漏油 更换刀具夹紧液压缸的密封圈使其不漏油 顺时针旋转刀具松夹弹簧上的螺母,使其最大工作负荷不超过设定值
	刀具夹紧后不能松开:检查松锁刀弹簧是否压合过紧	逆时针选装刀具松夹弹簧上的螺母,使其最大工作负荷不超过设定值
刀库中的刀套不能夹紧刀具	检查刀套的调整螺母	顺时针旋转刀套两边的调整螺母,压紧弹簧,顶紧卡紧销
刀具不能旋转	连接伺服电动机轴与蜗杆轴的联轴器松动	紧固联轴器上的螺钉
刀套不能拆卸或停留一段时间后才能拆卸	刀套不能拆卸,要检查操纵刀套90度拆卸气阀,看它是否动作	检查气体是否清洁,修理气阀
	气压不足	提高气压
	刀套上的装动轴锈蚀	卸下,更换轴套
刀具从机械手中脱落	检查刀具质量	刀具最大质量不能超过40kg
刀具从机械手中脱落	机械手卡紧销损坏或没有弹出来	更换弹簧
刀具交换时掉刀	换刀时主轴箱没有回到换刀点位置或换刀点漂移	重新操作主轴箱运动,使其回到换刀点位置,重新设定换刀点

4. 数控系统常见故障及处理

数控系统常见故障及处理方法见表5.5。

表5.5 数控系统常见故障现象及处理方法

故障部位	故障现象	故障原因
数控系统	数控系统不能接通电源	电源指示灯不亮:输入单元熔断器烧断 输入单元报警灯亮:支流工作电压、电路的负载有断路
	数控系统电源接通后CRT无辉度或无任何画面	与CRT单元有关的电缆连接不良;CRT单元输入电压不正常;CRT单元本身故障;CRT接口印制线路板或主控线路板故障无视频输入信号
	显示器无显示,机床不能动作	主控制印制线路板或存储系统控制软件的ROM板不良
	显示器无显示,机床仍能正常工作	显示部分或显示器控制部分有故障

（续表）

故障部位	故障现象	故障原因
数控系统	机床不能正常返回基准点	脉冲编码器连接电缆断线 返回基准点时的机床位置距离基准点太近
数控系统	机床返回基准点时，停止位置与基准点位置不一致	产生随及偏差：屏蔽地接触不良或脉冲编码器的信号电缆与电源电缆靠的太近，脉冲编码器不良 产生微小误差：电缆或连接器接触不良
数控系统	返回机床基准点时，数控系统显示器出现"NOT READY"但CRT界面却无报警显示	返回基准点用的减速开关失灵
数控系统	运行中，电源突然切断，显示器出现"NOT READY"	可编程控制器有故障
数控系统	手摇脉冲发生器不能工作	显示器显示变化：机床处于锁住状态或伺服系统有故障； 显示器显示无变化：手摇脉冲发生器接口不良
数控系统	数控系统的MDI方式，MEMORY方式无效，但CRT画面却无报警显示	操作面板和数控柜的连接发生故障
直流主轴控制系统	主轴不转	印制线路板太脏； 触发脉冲电路故障； 机床未给出主轴旋转信号； 连接线路故障
直流主轴控制系统	主轴转速不正常	印制线路板中的误差放大器电路故障；印制线路D/A变换器或测速发电机故障速度指令给定错误
直流主轴控制系统	主轴电动机振动或噪声太大	系统电源缺相或相序不对；主轴控制单元的电源频率设定开关错误；控制单元的增益电路或电流反馈回路调整不当的，电动机轴承故障；主轴电动机和主轴间联轴器调整不当；主轴齿轮啮合不好；主轴负荷太大
直流主轴控制系统	发生过流报警	电流极限设定错误；同步脉冲紊乱；主轴电机电枢线圈层间短路
直流主轴控制系统	速度偏差过大	负荷太大；电流零信号没有输出；主轴被制动
交流伺服电动机	电动机过热	负荷太大；电动机冷却系统故障；电动机与控制单元之间连接不良
交流伺服电动机	交流输入电路保险烧断	交流电源侧的阻抗太高；电源整流桥损坏；控制单元的印刷线路板故障；逆变器中的晶体管模块损坏；交流电源输入处的浪涌吸收器损坏
交流伺服电动机	再生回路用的保险烧断	主轴电机的加速或减速频率太高
交流伺服电动机	主轴电动机异常振动和噪声	减速时可能时再生回路故障；恒速时产生检查反馈电压根据情况进一步处理
交流伺服电动机	电动机速度超过额定值	设定错误；所用软件不对； 印制线路板故障
交流伺服电动机	主轴电动机不转或达不到正常速度	速度指令不正常；如有报警按报警内容处理；主轴定向控制用的传感器安装不良
进给驱动系统	机床失控（飞车）	检测器发生故障；电机和检测器连接不良；主控制线路板或伺服单元线路板不良
进给驱动系统	机床振动	振动周期与进给速度成正比例：电机、检测器不良或系统插补精度差，检测增益太高；振动周期大致固定：位置控制系统参数设定错误或速度控制单元的印制线路板不良

（续表）

故障部位	故障现象	故障原因
进给驱动系统	机床过冲	快速移动时间常数设定太小或速度控制单元上的速度环增益设定太低
	机床快速移动时有振动和冲击	伺服电机内测速发电机电刷接触不良
	电压报警	输入电源电压过高或过低
	大电流报警	速度控制单元上的功率驱动元件内部短路
	过载报警	机械负荷不正常；速度控制单元上电机电流限制设定太小；伺服电机的永久磁铁脱落
	速度反馈断线报警	伺服电机的速度或位置反馈不良或连接器不良；伺服单元的印制线路板设定错误，将脉冲编码器设定为测速发电机
进给驱动系统	伺服单元断路切断报警	速度控制单元的环路增益设定过高；位置控制或速度控制部分的电压过高或过低引起振荡；速度控制单元加速或减速频率太高；电机去磁引起过大的激磁电流

第四节　数控机床常见报警信息及系统故障排除实例

数控系统不同，它的自诊断功能报警编号也不同，具体故障只能根据机床自身所带的使用说明书和维修手册进行分析、诊断。不过数控机床报警编号的分类方法区别不大，一般都是按机床上各元器件的功能进行分类分别编号的。例如：机床控制报警、误操作报警、外部通信报警、过热报警、系统故障报警、伺服系统报警、行程开关报警、编程/设定错误报警等。

数控系统可对其本身以及其相连的各种设备进行实时的自诊断。当数控机床出现不能保证正常运行的状态或异常，都可以通过数控系统强大的功能对其数控系统自身及所连接的各种设备进行实时的自诊断。当数控机床出现不能正常运行的状态或异常时，数控系统就会报警，并将在屏幕中显示相关的报警信息及处理方法。这样，就可以根据屏幕上显示的内容采取相应的措施。

一、数控机床常见报警信息

数控机床常见报警信息见表 5.6。

表 5.6　数控机床报警信息

编号	含义	内容
000	PLEASE TURN OFF POWER	输入了某个要求断开电源的参数，系统需断电重启后生效
001	TH PARITY ALARM	TH 报警（输入了一个带有奇偶性错误的字符），对纸带进行修正
002	TV PARITY ALARM	TV 报警（某个程序段中的字符为奇数）。只有在 TV 校验有效时才产生该报警

(续表)

编号	含义	内容
003	TOO MANY DIGITS	输入的数据位数超出最大允许数值
004	ADDRESS NOT FOUND	在某个程序段开始处没有输入地址的情况下输入了一个数字或"-（负）"符号，需对程序进行修正
005	NO DATA AFTER ADDRESS	地址后没有紧随相应数据而是另一个地址或 EOB 代码。需对程序进行修正
006	ILLEGAL USE OF NEGATIVE SIGN	符号"-"（负）输入错误［在某个不能使用"-（负）"符号的地址后输入了该符号，或者输入了两个或两个以上的"-"（负）符号］。需对程序进行修正
007	ILLEGAL USE OF DECIMAL POINT	小数点"."输入错误（在某个不能使用"."的地址后输入了小数点，或者输入了两个或两个以上的"."）。需对程序进行修正
008	ILLEGAL USE OF PROGRAM END	由于在程序末端没有 M02、M30 或 M99 却试图执行 EOR（%）。需对程序进行修正
009	ILLEGAL ADDRESS INPUT	在有特殊意义的区域输入了不能用的字符。需对程序进行修正
010	IMPROPER G-CODE	指定了一个不能用的 G 代码或针对某个没有提供的功能指定了某个 G 代码。需对程序进行修正
011	NO FEEDRATE COMMANDED	对某个切削进给没有指定进给速度或进给速度不够。需对程序进行修正
014	CAN NOT COMMAND G95	在没有螺纹切削/同步进给选项的情况下指定了同步进给
015	TOO MANY AXES COMMANDED	指定的移动坐标轴数超出联动轴数
020	OVER TOLERANCE OF RADIUS	在圆弧插补（G02 或 G03）中，圆弧起始点和圆弧中心之间的距离与圆弧终点和圆弧中心之间的距离之差超出了 876 号参数设定的值
021	ILLEGAL PLANE AXIS COMMANDED	在圆弧插补中指定了某个在所选择的平面中不包括的坐标轴（采用 G17、G18、G19）。需对程序进行修正
025	CANNOT COMMAND F0 IN G02/G03	圆弧插补中指定了 F0（快速进给）。需对程序进行修正
027	NO AXES COMMANDED IN G43/G44	在 G43 和 G44 程序段中没有对刀具长度补偿 C 指定坐标轴。补偿未取消，但对另一个坐标轴进行刀具长度补偿 C。需对程序进行修正
028	ILLEGAL PLANE SELECT	在平面选择指令中，在同一方向指定了两个或两个以上的坐标轴。需对程序进行修正
029	ILLEGAL OFFSET VALUE	由 H 代码指定的补偿值太大。需对程序进行修正
030	ILLEGAL OFFSET NUMBER	由 D/H 代码指定的用于刀具长度补偿或刀尖半径补偿的补偿号太大。需对程序进行修正
031	ILLEGAL P COMMAND IN G10	在用 G10 设定补偿量时，地址 P 后的补偿号太大或没有指定该补偿号。需对程序进行修正
032	ILLEGAL OFFSET VALUE IN G10	在用 G10 设定补偿量或用系统变量写入某个补偿量时，指定的补偿量太大
033	NO SOLUTION AT CRC	对刀尖半径补偿不能确定交叉点。需对程序进行修正
034	NO CIRC ALLOWED IN ST-UP/EXT BLK	在刀尖半径补偿方式中，启动或取消 G02 或 G03 操作。需对程序进行修正
035	CAN NOT COMMANDED G39	在刀尖补偿 B 取消方式中或在除补偿平面以外的平面中指定了 G39。需对程序进行修正
036	CAN NOT COMMANDED G31	在刀尖半径补偿方式中，指定了跳跃切削（G31）。需对程序进行修正
037	CAN NOT CHANGE PLANE IN CRC	在刀尖补偿 B 中，给补偿平面以外的平面指定了 G40。在刀尖补偿 C 方式中，切换了 G17、G18 或 G19 选择的补偿平面。需对程序进行修正

（续表）

编号	含义	内容
038	INTERFERENCE IN CIRCULAR BLOCK	在刀尖半径补偿中，由于起始点或终点与圆弧中心重合而出现过切。需对程序进行修正
041	INTERFERENCE IN CRC	在刀尖补偿 C 中会出现过切。在刀尖半径补偿下，连续指定了两个或两个以上的程序段，其中没有移动指令，只执行辅助功能和暂停功能
042	G45/G48 NOT ALLOWED IN CRC	刀尖半径补偿中指定了刀具偏置（G45～G48）。需对程序进行修正
043	ILLEGAL T-CODE COMMAND	在 DRILL-MATE 中，在某个程序段中没有与 M06 代码一起指定一个 T 代码，或者 T 代码超出范围
044	G27-G30 NOT ALLOWED IN FIXED CYC	在固定循环方式中，指定了 G27～G30 之一。需对程序进行修正
046	ILLEGAL REFERENCE RETURN COMMAND	返回第二、三以及第四个参考位置指令中，指定了非 P2、P3 以及 P4 的指令
050	CHF/CNR NOT ALLOWED IN THRD BLK	在螺纹切削程序段中指定了倒角或拐角 R。需对程序进行修正
051	MISSING MOVE AFTER CHF/CNR	在指定了倒角或拐角 R 程序段的下一程序段中指定了不恰当的移动或移动量。对程序进行修正
052	CODE IS NOT G01 AFTER CHF/CNR	指定了倒角或拐角 R 程序段的下一程序段不是 G01。需对程序进行修正
053	TOO MANY ADDRESS COMMANDS	在没有追加任意角倒角或拐角 R 的系统中，指定了一个逗号或在具有这种特征的系统中，在逗号后没指定 R 或 C，而是别的内容。需对程序进行修正
055	MISSING MOVE VALUE IN CHF/CNR	在任意角度倒角或拐角 R 程序段中，移动距离小于倒角或拐角 R 值
058	END POINT NOT FOUND	在任意角度倒角或拐角 R 切削程序段，指定坐标轴不在选定的平面内。需对程序进行修正
059	PFOGRAM NUMBER NOT FOUND	在某个外部程序号搜索中，没有找到指定的程序号。另一种情况是，某个指定用于搜索的程序正被后台处理器加以编辑。检查程序号和外部信号或终止后台编辑
060	SEQUENCE NUMBER NOT FOUND	指定的顺序号在顺序号搜索中未找到。检查顺序号
070	NO PROGRAM SPACE IN MEMORY	存储容量不够。删除各种不必要的程序，然后重试
071	DATA NOT FOUND	要搜索的地址未找到。或者带有指定程序号的程序在搜索中未找到。需检查数据
072	TOO MANY PROGRAMS	要存储的程序数量超过 63（基本）、125（可选）、200（可选）。删除各种不必要的程序并再执行一次程序登录
073	PROGRAM NUMBER ALREADY IN USE	指定的程序号已经被使用。更改程序号或删除不必要的程序并再执行一次程序登录
074	ILLEGAL PROGRAM NUMBER	程序号为 1～9999 以外的数字。需修改程序号
076	ADDRESS P NOT DEFINED	在包括 M98、G65 或 G66 指令的程序段中，没有指定地址 P（程序号）。需对程序进行修正
077	SUB PROGRAM NESTING ERROR	调用的子程序数超出极限值。需对程序进行修正
078	NUMBER NOT FOUND	由包括一个 M98、M99、M65 或 G66 的程序段中的地址 P 指定的程序号或顺序号未找到；由一个 GO TO 语句指定的顺序号未找到。另一种情况是某个调用的程序正被后台处理器进行编辑。需对程序进行修正或终止后台编辑
079	PROGRAM VERIFY ERROR	在存储器与程序校对中，存储器中某个程序与从外部 I/O 设备读出的不一致。需检查存储器中的程序以及外部设备中的程序
080	G37 ARRIVAL SIGNAL NOT ASSERTED	在自动刀具长度测量功能（G37）中，测量位置达到信号（XAE、YAE 或 ZAE）在参数（数值 ε）指定的某个区域中未接通。这是由于设定或操作错误引起的

（续表）

编号	含义	内容
081	OFFSET NUMBER NOT FOUND IN G37	在没有 H 代码的情况下，指定了自动刀具长度测量（G37）。需对程序进行修正
082	T-CODE NOT ALLOWED IN G37	在同一个程序段中指定了 H 代码和自动刀具长度测量（G37）。需对程序进行修正
083	ILLEGAL AXIS COMMAND IN G37	在自动刀具长度测量中，指定了一个非法坐标轴或移动指令是增量指令。需对程序进行修正
085	COMMUNICATION ERROR	在使用阅读机/穿孔机接口往存储器中输入数据时，产生了超程奇偶性或成帧错误。输入数据的位数、波特率的设定或 I/O 单元的规格号不正确
086	DR SIGNAL OFF	在使用阅读机/穿孔机接口往存储器中输入数据时，阅读机/穿孔机的准备信号（DR）被断开。I/O 单元的电源断开、电缆没有连接好或某个印制电路板出故障
087	BUFFER OVERFLOW	在使用阅读机/穿孔机接口往存储器中输入数据时，尽管指定了阅读终止指令，但在阅读了 10 个字符后，输入仍未中断。I/O 单元或印制电路板出故障
090	REFERENCE RETURN INCOMPLETE	返回参考位置无法正常执行，因为返回参考位置起始点太靠近参考位置或速度太低。将起始点与参考位置分开足够远的距离，或对返回参考位置指定一个足够快的速度
091	MANUAL RETURN IMPOSSIBLE DURING PAUSE	手动返回参考位置无法执行，因为系统处于暂停状态。按 RESET（复位）键，手动返回至参考位置
092	AXES NOT ON THE REFERENCE POINT	由自动返回参考位置（G28）或由 G27（返回参考位置检测）指定的坐标轴没有返回至参考位置
094	P TYPE NOT ALLOWED（COORD CHG）	在重新启动程序时，无法指定 P 类型。（在自动操作被中断后，设定坐标系操作）。按照操作手册执行正确操作
095	P TYPE NOT ALLOWED（EXT OFS CHG）	在重新启动程序时，无法指定 P 类型（在自动操作被中断后，外部工件补偿量被改变）
096	P TYPE NOT ALLOWED（WRK OFS CHG）	在重新启动程序时，无法指定 P 类型（在自动操作被中断后，工件偏移量被改变）
097	P TYPE NOT ALLOWED（AUTO EXEC）	在重新启动程序时，无法指定 P 类型（在电源接通后，在急停或 P/S 94～97 复位后，没有执行自动操作）。需执行自动操作
098	G28 FOUND IN SEQUENCE RETURN	在指定某个程序重新启动指令时，在电源接通或急停后，没有返回参考位置，并在搜索过程中找到了 G28
099	MDI EXEC NOT ALLOWED AFT. SEARCH	在程序重新启动中的搜索完成后，用 MDI 发出了一个移动指令
100	PARAMETER WRITE ENABLE	在 PARAMETER SETTING（参数设置）画面上，PWE（参数允许写入）被设为"1"。将其设为"0"，然后使系统复位
101	PLEASE CLEAR MEMORY	在存储器被程序编辑操作改写时，电源断开。在发出该报警时，通过以下方式可以清除程序：将参数（PWE）设置设为"1"，然后在按住[DELETE] 键的同时接通电源。所有的程序将被删除
110	DATA OVERFLOW	固定的小数点显示数据的绝对值超出允许范围。需对程序进行修正
111	CALCULATED DATA OVERFLOW	计算结果无效，并发出 111 号报警
112	DIVIDED BY ZERO	指定了一个 0 除数（包括正切 90 度）
113	IMPROPER COMMAND	指定了一个用户宏程序中不能使用的功能。需对程序进行修正
114	FORMAT ERROR IN MACRO	用户宏程序 A 在某个 G65 程序段中指定了一个未定义的 H 代码。用户宏程序 B 除公式以外的其他格式中存在一个错误。对程序进行修正

(续表)

编号	含义	内容
115	ILLEGAL VARIABLE NUMBER	在用户宏程序或高速循环加工中指定了一个没有被定义为变量号的数值。标题内容不合适。在下列情况下会发出该报警（高速循环加工）： 1. 对应于被调用的、指定的加工循环号的标题未找到 2. 循环连接数值超出允许范围（0～999） 3. 标题中的数据值超出允许范围（0～32767） 4. 可执行的数据格式的起始数据变量号超出允许范围（#20000～#85535） 5. 可执行的数据格式中最后存储数据的变量号超出允许范围（#85535） 6. 可执行的数据格式的保存用起始数据变量号与标题中的变量号重合。需对程序进行修正
116	WRITE PROTECTED VARIABLE	替代语句左侧是一个变量，其替代被禁止。需对程序进行修正
118	PARENTHESIS NESTING ERROR	括号的嵌套超出上限（五重）。需对程序进行修正
119	ILLEGAL ARGUMENT	SQRT 自变量为负值或者 BCD 自变量为负值并且在 BIN 自变量的每一行中出现 0～9 以外的其他值。对程序进行修正
122	DUPLICATE MACRO MODAL-CALL	宏模态调用被指定了两次。需对程序进行修正
123	CAN NOT USE MACRO COMMAND IN DNC	在 DNC 操作过程中采用了宏程序控制指令。对程序进行修正
124	MISSING END STATEMENT	DO-END 不对应于 1∶1。需对程序进行修正
125	FORMAT ERROR IN MACRO	用户宏程序 A 指定了 G65 程序段中不能指定的地址。用户宏程序 B <公式>格式出错
126	ILLEGAL LOOP NUMBER	在 DOn 中，未设定 1≤n≤3。需对程序进行修正
127	NC MACRO STATEMENT IN SAME BLOCK	NC 指令和用户宏程序指令同时存在。需对程序进行修正
128	ILLEGAL MACRO SEQUENCE NUMBER	在分支指令中指定的顺序号不是 0～9999，或者它无法搜索。需对程序进行修正
129	ILLEGAL ARGUMENT ADDRESS	在<自变量定义>中使用了一个不许使用的地址。需对程序进行修正
130	ILLEGAL AXIS OPERATION	PMC 向 CNC 控制的某个轴发出了一个坐标轴控制指令，或者 CNC 向某个由 PMC 控制的坐标轴发出了坐标轴控制指令。需对程序进行修正
131	TOO MANY EXTERNAL ALARM MESSAGES	在外部报警信息中产生五个或五个以上的报警。参见 PMC 梯形图，找出其原因
132	ALARM NUMBER NOT FOUND	在外部报警信息全清中不存在相应的报警号。参见 PMC 梯形图
133	ILLEGAL DATA IN EXT. ALARM MSG	在外部报警信息或外部操作信息中，小部分数据有错误。参见 PMC 梯形图
135	ILLEGAL ANGEL COMMAND	分度表分度定位角没有以最小角度数值之整数倍数来指定。需对程序进行修正
136	ILLEGAL AXIS COMMAND	在分度台分度中，另一个控制轴与 B 轴一起被指定。需对程序进行修正
139	CAN NOT CHANGE PMC CONTROL AXIS	在指令中，通过 PMC 轴控制进行坐标轴选择。需对程序进行修正
141	CAN NOT COMMAND G51 IN CRC	在刀具补偿方式中指定了 G51（缩放接通）。需对程序进行修正
142	ILLEGAL SCALE RATE	缩放倍数不是 1～999999。修正缩放倍率的设定值
143	SCALED MOTION DATA OVERFLOW	缩放结果、移动距离、坐标值和圆弧半径等超出最大指令值。需对程序进行修正或修正缩放倍率
144	ILLEGAL PLANE SELECTED	坐标旋转平面和弧度或刀尖半径补偿 C 平面必须相同。需对程序进行修正

(续表)

编号	含义	内容
148	ILLEGAL SETTING DATA	自动拐角倍率减速比超出可设定的调节角范围。需对参数 PRM#1710~1714 号进行修正
150	ILLEGAL TOOL GROUP NUMBER	刀具寿命管理中的刀具组号超出最大允许值。需对程序进行修正
151	TOOL GROUP NUMBER NOT FOUND	在加工程序中指定的刀具寿命管理的刀具组未设定。需对程序或参数进行修正
152	NO SPACE FOR TOOL ENTRY	刀具寿命管理的一个组中刀具数超出最大可登录数。需修改刀具数
153	T-CODE NOT FOUND	在刀具寿命数据登录中,在应该指定一个 T 代码的地方却没有指定。需对程序进行修正
154	NOT USING TOOL IN LIFE GROUP	当在刀具寿命管理中没有指定刀具组时,指定了 H99 或 D99。需对程序进行修正
155	ILLEGAL T-CODE IN M06	在加工程序中,在同一个程序段中的 M06 和 T 代码与使用中的刀具寿命管理的组号不一致。需对程序进行修正
156	P/L COMMAND NOT FOUND	在设定刀具寿命管理的刀具组的程序标题时,没有指定 P 和 L。需对程序进行修正
157	TOO MANY TOOL GROUPS	要设定的刀具寿命管理的刀具组数量超出最大允许值。需对程序进行修正
158	ILLEGAL TOOL LIFE DATA	要设定的刀具寿命太长。需修正设定值
159	TOOL DATA SETTING INCOMPLETE	在执行设定刀具寿命管理用的程序时,电源被断开。需重新设定
175	ILLEGAL G107 COMMAND	执行圆弧插补启动或取消的条件不对。要将方式改变成圆柱插补方式以 "G07.1 旋转轴名称圆柱半径"的格式指定该指令
176	IMPROPER G-CODE IN G107	指定了不能在圆柱插补方式中指定的下列 G 代码之一: 1) 定位用 G 代码 G28、G73、G74、G76、G81~G89,包括指定快移循环的代码 2) 设定坐标系的 G 代码 G52、G92 3) 选择坐标系的 G 代码 G53、G54~G59 需对程序进行修正
177	CHECK SUM ERROR(G05 MODE)	在高速远程缓冲中出现了检验和错误
178	G05 COMMANDED IN G41/G42 MODE	在 G41/G42 方式中指定了 G05。需对程序进行修正
179	PARAM. SETTING ERROR	由参数 PRM#7510 设定的控制坐标轴的数量超出最大数值。需修正参数设定值
180	COMMUNICATION ERROR (REMOTE BUF)	远程缓冲连接报警。确认电缆号、参数和 I/O 设备
181	FORMAT ERROR IN G81 BLOCK(滚齿机)	G81 程序段格式错误。 1) T 齿数没有指定; 2) 由 T、L、Q 或 P 指定了超出指令范围的数据。需对程序进行修正
182	G81 NOT COMMANDED(滚齿机)	未指定与 G81 同步指令 G83(C 轴伺服滞后量补偿)。需对程序进行修正
183	DUPLICATE G83(COMMANDS)(滚齿机)	在由 G83 补偿 C 轴伺服滞后量以后,在用 G82 取消之前又指定了 G83
184	ILLEGAL COMMAND IN G81(滚齿机)	发出了一个不能在 G81 同步运转中指定的指令。 1) 由 G00、G27、G28、G29、G30 等指定了一个 C 轴指令; 2) 由 G20、G21 发出了英制/米制转换指令
185	RETURN TO REFERENCE POINT(滚齿机)	在电源接通或急停后没有进行一次返回参考位置就指定了 G81。需执行返回参考位置
186	PARAMETER SETTING ERROR(滚齿机)	有关 G81 的参数错误: 1) C 轴没有设为旋转轴; 2) 某个滚齿轴和位置编码器齿轮比设定错误

(续表)

编号	含义	内容
190	ILLEGAL AXIS SELECT	在恒表面速度控制中,指定坐标轴指令(P)包含一个非法数值。需对程序进行修正
194	SPINDLE COMMAND IN SYNCHRO-MODE	在串行主轴同步控制方式中,指定了 Cs 轮廓控制或刚性攻螺纹。需对程序进行修正
195	SPINDLE CONTROL MODE SWITCH	不能切换串行主轴控制方式。参见 PMC 梯形图
197	C-AXIS COMMANDED IN SPINDLE MODE	在当前控制方式不是串行主轴 Cs 轮廓控制时,发出了一个用于 Cs 坐标轴的移动指令。参见 PMC 梯形图或加工程序
199	MACRO WORD UNDEFINED	采用了未定义的宏语句。需修正用户宏程序
200	ILLEGAL S CODE COMMAND	在刚性攻螺纹中,S 值超出范围或未指定 S 值。需对程序进行修正
201	FEEDRATE NOT FOUND IN RIGID TAP	在刚性攻螺纹中没有指定 F 值对程序进行修正
202	POSITION LSI OVERFLOW	在刚性攻螺纹中,主轴分配值太大
203	PROGRAM MISS AT RIGID TAPPING	在刚性攻螺纹中,刚性 M 代码(M29)或 S 指令的位置不正确。需对程序进行修正
204	ILLEGAL AXIS OPERATION	在刚性攻螺纹中,在刚性 M 代码(M29)程序段与 G84(G74)程序段之间指定了一个坐标轴移动。需对程序进行修正
205	RIGID MODE DI SIGNAL OFF	尽管指定了刚性 M 代码(M29),但在执行 G84(G74)时,刚性方式 DI 信号却不接通。参见 PMC 的梯形图以找出 DI 信号(DGNG061.1)未接通的原因。需对程序进行修正
210	CAN NOOT COMMAND M198/M199	在预定操作中执行了 M198 和 M199,或 M198 在 DNC 操作中执行
211	CAN NOT COMMAND HIGH-SPEED SKIP	在每转进给或刚性攻螺纹方式中,指定了高速跳跃(G31)功能。需对程序进行修正
212	ILLEGAL PLANE SELECT	在包括附加轴的平面中指定任意角度倒角或拐角 R。需对程序进行修正
213	ILLEGAL COMMAND IN SYNCHRO-MODE	在用简单同步化控制的操作中,出现以下任一种报警: 1)程序给从动轴发布移动指令 2)程序给从动轴发布手动连续进给/手动进给/增量进给指令 3)在电源接通后没有执行手动返回参考位置,程序发布自动返回参考位置指令 4)主、从坐标轴之间的位置误差之差超出参数中设定的数值
214	ILLEGAL COMMAND IN SYMCHRO-MODE	在同步控制中设定了坐标系或执行了移位型的刀具补偿。需对程序进行修正
222	DNC OP. NOT ALLOWED IN BG.-EDIT	在后台编辑时进行输入和输出操作。需进行正确操作
224	RETURN TO REFERENCE POINT	在自动操作开始之前没有返回参考位置。需返回参考位置
230	R CODE NOT FOUND	对固定磨削循环的 G160 程序段,没有指定切入磨削量 R 或者 R 指令值为负值。需对程序进行修正
250	SIMULTANEOUS M06 AND Z-AXIS MOVEMENT NOT ALLOWED	在 DRILL MATE 中同时指定了换刀(M06)和 Z 轴移动。需对程序进行修正

二、报警信息及解决方法实例

下面列出了 FANUCO-TD 系统一些数控操作中经常遇到的故障与报警,并提供了处理手段和方法。

实例 1:在调试中时常出现 CRT 闪烁、发亮,没有字符出现的现象。

造成的原因主要有：①CRT亮度与灰度旋钮在运输过程中出现振动；②系统在出厂时没有经过初始化调整；③系统的主板和存储板有质量问题。

解决办法：首先，调整CRT的亮度和灰度旋钮，如果没有反应，请将系统进行初始化一次，同时按RST键和DEL键，进行系统启动，如果CRT仍没有正常显示，则需要更换系统的主板或存储板。

实例2：CRT显示刀具编码只允许单数写入，刀库回零09报警。

解决办法：查PC器上各RAM的控制端；查刀具编码盘C1偶数写入情况；查B2，D3，D4；查RAMA49端，10端；查D5比较器10端与9端不一样，9端处于高电平，印制电路板上有断点清除断点。

实例3：手动、自动交换刀具时刀套无动作，且主轴定向，刀库回零后，相关指示灯不亮。

解决办法：查电磁阀PDNT，无动作；继电器，PDNJ也无动作；查PC发出信号，RO724无反应；机床输出PC内信号没有满足刀套动作要求，机械手180°返回行程开关位置移动调整感应行程开关位置使其发出信号。

实例4：系统无报警，Y轴原点复归完不成，执行到某一程序段尾时，程序停顿，下一程序段不执行。

解决办法：查各部位信号，查外围环境，系统过热降温。

实例5：主轴严重噪声，最初间隙作响，后来剧烈振动，主轴转速骤升骤降。

解决办法：查主轴伺服电机的连接插头；检查伺服电路某相、主轴电机本身；检查输出脉冲波；检查主轴伺服系统的波形整理电路，时钟集成块7555自然损坏，换新时钟集成块。

实例6：X向坐标抖动。

解决办法：查系统位置环、速度环增益，可控硅电路，坐标平衡，测速机，伺服驱动电机，机械传动轴承，更换轴承。

实例7：X轴在运动中振动，快速尤为明显，加速、减速停止时更严重。

解决办法：查电机及反馈装置的连线；更换伺服驱动装置（仍故障）；测电机电流、电压（正常）；测量测速机反馈电流、电压，发现电压波纹过大而且非正常波纹。测速机中转子换向片间被碳粉严重短路，造成反馈异常，清洗碳粉。

实例8：未达参考点，发生超程，间断发生。

解决办法：查参数是否正确，检查超程限位开关、切削液渗进限位开关；操作者保养机床时动了限位开关。修限位开关，将行程限位的参数改为较大值，将机床开往参考点，压限位开关，再改回原设定参数。

实例9：工作台Y向回参考点无快速或无减速过程；有时Y轴运动到行程范围中心部位却发出超程报警。

解决办法：查限位参数及外围电路部分，Y轴限位组合开关有问题，连线及触点等腐蚀生锈、断线，清理限位开关。

实例10：刀库回零定位不准。

解决办法：观察刀库回零状态，看行程开关，行程开关经减速后提前释放，未进入定位区造成向前或向后到最近一个波距零点使定位不准。定向挡块移动，调整定位挡块。

 实训自测题五

1. 数控机床日常维护保养有哪几方面？如何保养？
2. 启动 CNC 电源后，屏幕无显示，分析故障原因，并提出解决方案。
3. 直流主轴控制系统容易出现哪几个问题？分析故障原因，并提出解决方案。
4. 数控机床使用过程中出现急停报警，可是待急停开关复位后也不能工作，分析原因，并给出解决方案。
5. 数控系统出现"OVER TOLERANCE OF RADIUS"报警信息的含义是什么？如何解决？
6. 数控系统出现"NO AXES COMMANDED IN G43/G44"报警信息的含义是什么？如何解决？
7. 数控机床出现"未达参考点，发生超程，间断发生"这个问题，分析故障原因，并给出解决方案。

第六章　数控职业技能鉴定

了解数控技能培训相关知识点和能力要求，了解数控技能鉴定方式和试题类型，为今后参加数控职业技能鉴定做准备。

视频多媒体课件讲解，实操及试题训练。

理论 2 学时。

第一节　数控职业技能鉴定概述

一、数控职业技能鉴定的必要性

在发达国家中，数控机床已经大量普遍使用。我国制造业与国际先进工业国家相比还存在着很大的差距，机床数控化率还不是很高，目前我国现有的有限数量的数控机床（大部分为进口产品）也未能充分利用。原因是多方面的，数控就业人才的匮乏无疑是主要原因之一。由于数控技术是最典型的、应用最广泛的机电光一体化综合技术，我国迫切需要大量的从研究开发到使用维修的各个层次的数控技术人才。

数控人才的需求主要集中在以下的企业和地区：

① 国有大中型企业，特别是目前经济效益较好的军工企业和国家重大装备制造企业，军工制造业是我国数控技术的主要应用对象，有很大的数控就业空间。

② 随着民营经济的飞速发展，我国沿海经济发达地区（如广东、浙江、江苏、山东），数控人才更是供不应求，主要集中在模具制造企业和汽车零部件制造企业。

二、数控人才的知识结构

现在处于生产一线的各种数控人才主要有两个来源：一是大学、高职和中职的机电一体化或数控技术应用等专业的毕业生，他们都很年轻，具有不同程度的英语、计算机应用、机械和电气基础理论知识和一定的动手能力，容易接受新工作岗位的挑战。他们最大的缺陷就是学校难以提供的工艺经验，同时，由于学校教育的专业课程分工过窄，仍然难以满足某些企业对加工和维修一体化的复合型数控人才的要求。

另一个来源就是从企业现有员工中挑选人员参加不同层次的数控技术中、短期培训，以适应企业对数控人才的急需。这些人员一般具有企业所需的工艺背景、比较丰富的实践经验，但是他们大部分是传统的机类或电类专业的各级毕业生，知识面较窄，特别是对计算机应用技术和计算机数控系统不太了解。

对于数控人才，有以下三个数控就业需求层次，所需掌握的知识结构也各不相同。

（1）蓝领层

数控操作技工：精通机械加工和数控加工工艺知识，熟练掌握数控机床的操作和手工编程，了解自动编程和数控机床的简单维护维修。此类人员市场需求量大，适合作为车间的数控机床操作技工。但由于其知识较单一，其工资待遇不会太高。

（2）灰领层

① 数控编程员：掌握数控加工工艺知识和数控机床的操作，掌握复杂模具的设计和制造专业知识，熟练掌握三维 CAD/CAM 软件，如 UC、ProE 等；熟练掌握数控手工编程和自动编程技术；适合作为工厂设计处和工艺处的数控编程员。此类数控技术人员就需求量大，尤其在模具行业非常受欢迎，待遇也较高。

② 数控机床维护、维修人员：掌握数控机床的机械结构和机电联调，掌握数控机床的操作与编程，熟悉各种数控系统的特点、软硬件结构、PLC 和参数设置。精通数控机床的机械和电气的调试和维修。适合作为工厂设备处工程技术人员。此类人员需求量相对少一些，但培养此类人员非常不易，知识结构要求很广，适应与数控相关的工作能力强，需要大量实际经验的积累，目前非常缺乏，其待遇也较高。

（3）金领层

数控通才：具备并精通数控操作技工、数控编程员和数控维护维修人员所需掌握的综合知识，并在实际工作中积累了大量实际经验，知识面很广。精通数控机床的机械结构设计和数控系统的电气设计，掌握数控机床的机电联调。能自行完成数控系统的选型、数控机床电气系统的设计、安装、调试和维修。能独立完成机床的数控化改造，是企业（特别是民营企业）的抢手人才，其待遇很高。适合本科、高职学校组织培养。但必须在提供特殊的实训措施的名师指导等手段促其成才，适合于担任企业的数控技术负责人或机床厂数控机床产品开发的机电设计主管,是数控就业前景中最好的层次。此类人才的需求主要集中在模具制造企业和汽车零部件制造企业。

三、参加数控技能鉴定的意义

随着我国机制行业新技术的应用,我国世界制造业加工中心地位形成,数控机床的使用、维修、维护人员在全国各工业城市都非常紧缺,再加上数控技术人员从业面非常广,可在现代制造业的模具、钟表业、五金行业、中小制造业,从事计算机绘图、数控编程设计、加工中心操作、模具设计与制造、电火花及线切割工作,所以目前现有的数控技术人才无法满足制造业的需求,而且市场上的这类人才储备并不大,导致模具设计、CAD/CAM 工程师、数控编程、数控加工等已成为我国各人才市场招聘频率最高的职位之一,就业前景乐观。

为了增强竞争能力,制造企业已开始广泛使用先进的数控技术。据统计,目前我国数控机床操作工短缺 60 万左右。数控技术专业人才短缺已引起社会和政府的高度重视。随着制造业信息化工程的进一步推进,利用高新技术和先进适用技术改造提升传统产业,提高企业的技术装备水平和产品竞争力,制造设备的大规模数控化,社会对数控技术人才的需求进一步增加。

因此参加国家统一规定的数控技能鉴定考试,取得职业资格证书,可以为将来的就业打下有力的基础。

第二节　数控机床操作工国家职业标准

数控机床操作工国家职业资格共分四级,分别是中级工、高级工、技师、高级技师。各级别规定了参加鉴定操作者的基本条件,并对操作者应具有的技能分别给出了要求。

一、数控车工国家职业标准

1. 职业名称
数控车工。

2. 职业定义
从事编制数控加工程序并操作数控车床进行零件车削加工的人员。

3. 职业等级
本职业共设四个等级,分别为中级(国家职业资格四级)、高级(国家职业资格三级)、技师(国家职业资格二级)、高级技师(国家职业资格一级)。

4. 申报条件
(1) 中级(具备以下条件之一者)
① 经本职业中级正规培训达规定标准学时数,并取得结业证书。
② 连续从事本职业工作 5 年以上。

③ 取得经相关主管部门审核认定的，以中级技能为培训目标的中等以上职业学校本专业或相关专业毕业证书。

④ 取得相关职业中级职业资格证书后，连续从事本职业工作 2 年以上。

（2）高级（具备以下条件之一者）

① 取得本职业中级职业资格证书后，连续从事本职业工作 2 年以上，经本职业高级正规培训达规定标准学时数，并取得结业证书。

② 取得本职业中级职业资格证书后，连续从事本职业工作 4 年以上。

③ 取得经相关主管部门审核认定的、以高级技能为培养目标的职业学校本职业或相关专业毕业证书。

④ 大专以上本专业或相关专业毕业生，经本职业高级正规培训达规定标准学时数，并取得结业证书。

（3）技师（具备以下条件之一者）

① 取得本职业高级职业资格证书后，连续从事本职业工作 4 年以上，经本职业技师正规培训达规定标准学时数，并取得结业证书。

② 取得本职业高级职业资格证书的职业学校本职业（专业）毕业生，连续从事本职业工作 2 年以上，经本职业技师正规培训达规定标准学时数，并取得结业证书。

③ 取得本职业高级职业资格证书的本科（含本科）以上本专业或相关专业毕业生，连续从事本职业工作 2 年以上，经本职业技师正规培训达规定标准学时数，并取得结业证书。

（4）高级技师

取得本职业技师职业资格证书后，连续从事本职业工作 4 年以上，经本职业高级技师正规培训达规定标准学时数，并取得结业证书。

5．数控车职业技能鉴定标准

本标准对中级工、高级工、技师和高级技师的技能要求依次递进，高级别涵盖低级别的要求。

（1）中级

数控车中级工职业技能鉴定标准见表 6.1。

表 6.1 数控车中级工职业技能鉴定标准

职业功能	工作内容	技能要求	相关知识
一、加工准备	（一）读图与绘图	1. 能读懂中等复杂程度（如曲轴）的零件图 2. 能绘制简单的轴、盘类零件图 3. 能读懂进给机构、主轴系统的装配图	1. 复杂零件的表达方法 2. 简单零件图的画法 3. 零件三视图、局部视图和剖视图的画法 4. 装配图的画法
	（二）制定加工工艺	1. 能读懂复杂零件的数控车床加工工艺文件 2. 能编制简单（轴盘）零件的数控车床加工工艺文件	数控车床加工工艺文件的制定
	（三）零件定位与装夹	能使用通用夹具（如三爪自定心卡盘、四爪单动卡盘）进行零件装夹与定位	1. 数控车床常用夹具的使用方法 2. 零件定位、装夹的原理和方法
	（四）刀具准备	1. 能根据数控车床加工工艺文件选择、安装和调整数控车床常用刀具 2. 能刃磨常用车削刀具	1. 金属切削与刀具磨损知识 2. 数控车床常用刀具的种类、结构和特点 3. 数控车床、零件材料、加工精度和工作效率对刀具的要求

（续表）

职业功能	工作内容	技能要求	相关知识
二、数控编程	（一）手工编程	1. 能编制由直线、圆弧组成的二维轮廓数控加工程序 2. 能编制螺纹加工程序 3. 能运用固定循环、子程序进行零件的加工程序编制	1. 数控编程知识 2. 直线插补和圆弧插补的原理 3. 坐标点的计算方法
	（二）计算机辅助编程	1. 能使用计算机绘图设计软件绘制简单（轴、盘、套）零件图 2. 能利用计算机绘图软件计算节点	计算机绘图软件（二维）的使用方法
三、数控车床操作	（一）操作面板	1. 能按照操作规程启动及停止机床 2. 能使用操作面板上的常用功能键（如回零、手动、MDI、修调等）	1. 熟悉数控车床操作说明书 2. 数控车床操作面板的使用方法
	（二）程序输入与编辑	1. 能通过各种途径（如DNC、网络等）输入加工程序 2. 能通过操作面板编辑加工程序	1. 数控加工程序的输入方法 2. 数控加工程序的编辑方法 3. 网络知识
	（三）对刀	1. 能进行对刀并确定相关坐标系 2. 能设置刀具参数	1. 对刀的方法 2. 坐标系的知识 3. 刀具偏置补偿、半径补偿与刀具参数的输入方法
	（四）程序调试与运行	能够对程序进行校验、单步执行、空运行并完成零件试切	程序调试的方法
四、零件加工	（一）轮廓加工	1. 能进行轴、套类零件加工，并达到以下要求： （1）尺寸公差等级IT6 （2）形位公差等级IT8 （3）表面粗糙度R_a1.6μm 2. 能进行盘类、支架类零件加工，并达到以下要求： （1）轴径公差等级IT6 （2）孔径公差等级IT7 （3）形位公差等级IT8 （4）表面粗糙度R_a1.6μm	1. 内外径的车削加工方法、测量方法 2. 形位公差的测量方法 3. 表面粗糙度的测量方法
	（二）螺纹加工	能进行单线等节距普通三角螺纹、锥螺纹的加工，并达到以下要求： （1）尺寸公差等级IT6-IT7 （2）形位公差等级IT8 （3）表面粗糙度R_a1.6μm	1. 常用螺纹的车削加工方法 2. 螺纹加工中的参数计算
	（三）槽类加工	能进行内径槽、外径槽和端面槽的加工，并达到以下要求： （1）尺寸公差等级IT8 （2）形位公差等级IT8 （3）表面粗糙度R_a3.2μm	内径槽、外径槽和端槽的加工方法
	（四）孔加工	能进行孔加工，并达到以下要求： （1）尺寸公差等级IT7 （2）形位公差等级IT8 （3）表面粗糙度R_a3.2μm	孔的加工方法
	（五）零件精度检验	能进行零件的长度、内径、外径、螺纹、角度精度检验	1. 通用量具的使用方法 2. 零件精度检验及测量方法
五、数控车床维护和故障诊断	（一）数控车床日常维护	能根据说明书完成数控车床的定期及不定期维护保养，包括机械、电、气、液压、冷却数控系统检查和日常保养等	1. 数控车床说明书 2. 数控车床日常保养方法 3. 数控车床操作规程 4. 数控系统（进口与国产数控系统）使用说明书

（续表）

职业功能	工作内容	技能要求	相关知识
五、数控车床维护和故障诊断	（二）数控车床故障诊断	1. 能读懂数控系统的报警信息 2. 能发现并排除由数控程序引起的数控车床的一般故障	1. 使用数控系统报警信息表的方法 2. 数控机床的编程和操作故障诊断方法
	（三）数控车床精度检查	能进行数控车床水平的检查	1. 水平仪的使用方法 2. 机床垫铁的调整方法

（2）高级

数控车高级工职业技能鉴定标准见表6.2。

表6.2　数控车高级工职业技能鉴定标准

职业功能	工作内容	技能要求	相关知识
一、加工准备	（一）读图与绘图	1. 能读懂中等复杂程度（如刀架）的装配图 2. 能根据装配图拆画零件图 3. 能测绘零件	1. 根据装配图拆画零件图的方法 2. 零件的测绘方法
	（二）制定加工工艺	能编制复杂零件的数控车床加工工艺文件	复杂零件数控车床的加工工艺文件的制定
	（三）零件定位与装夹	1. 能选择和使用数控车床组合夹具和专用夹具 2. 能分析并计算车床夹具的定位误差 3. 能设计与自制装夹辅具（如心轴、轴套、定位件等）	1. 数控车床组合夹具和专用夹具的使用、调整方法 2. 专用夹具的使用方法 3. 夹具定位误差的分析与计算方法
	（四）刀具准备	1. 能选择各种刀具及刀具附件 2. 能根据难加工材料的特点，选择刀具的材料、结构和几何参数 3. 能刃磨特殊车削刀具	1. 专用刀具的种类、用途、特点和刃磨方法 2. 切削加工材料时的刀具材料和几何参数的确定方法
二、数控编程	（一）手工编程	能运用变量编程编制含有公式曲线的零件数控加工程序	1. 固定循环和子程序的编程方法 2. 变量编程的规则和方法
	（二）计算机辅助编程	能用计算机绘图软件绘制装配图	计算机绘图软件的使用方法
	（三）数控加工仿真	能利用数控加工仿真软件实施加工过程仿真以及加工代码检查、干涉检查、工时估算	数控加工仿真软件的使用方法
三、零件加工	（一）轮廓加工	能进行细长、薄壁零件加工，并达到以下要求： （1）轴径公差等级 IT6 （2）孔径公差等级 IT7 （3）形位公差等级 IT8 （4）表面粗糙度 R_a1.6μm	细长、薄壁零件加工的特点及装夹、车削方法
	（二）螺纹加工	1. 能进行单线和多线等节距的T形螺纹、锥螺纹加工，并达到以下要求： （1）尺寸公差等级 IT6 （2）形位公差等级 IT8 （3）表面粗糙度 R_a1.6μm 2. 能进行变节距螺纹的加工，并达到以下要求： （1）尺寸公差等级 IT6 （2）形位公差等级 IT7 （3）表面粗糙度 R_a1.6μm	1. T形螺纹、锥螺纹加工中的参数计算 2. 变节距螺纹的车削加工方法

(续表)

职业功能	工作内容	技能要求	相关知识
三、零件加工	（三）孔加工	能进行深孔加工，并达到以下要求： (1) 尺寸公差等级 IT6 (2) 形位公差等级 IT8 (3) 表面粗糙度 $R_a1.6\mu m$	深孔的加工方法
	（四）配合件加工	能按装配图上的技术要求对套件进行零件加工和组装，配合全差达到IT7级	套件的加工方法
	（五）零件精度检验	1. 能在加工过程中使用百分表、千分表等进行在线测量，并进行加工技术参数的调整 2. 能够进行多线螺纹的检验 3. 能进行加工误差分析	1. 百分表、千分表的使用方法 2. 多线螺纹的精度检验方法 3. 误差分析的方法
四、数控车床维护与精度检验	（一）数控车床日常维护	1. 能制定数控车床的日常维护规程 2. 能监督检查数控车床的日常维护状况	1. 数控车诃维护管理基本知识 2. 数控机床维护操作规程的制定方法
	（二）数控车床故障诊断	1. 能判断数控车床机械、液压、气压和冷却系统的一般故障 2. 能判断数控车床控制与电器系统的一般故障 3. 能够判断数控车床刀架的一般故障	1. 数控车床机械故障的诊断方法 2. 数控车床液压、气压元件的基本原理 3. 数控机床电器元件的基本原理 4. 数控车床刀架结构
	（三）机床精度检验	1. 能利用量具、量规对机床主轴的垂直平等度、机床水平等一般机床几何精度进行检验 2. 能进行机床切削精度检验	1. 机床几何精度检验内容及方法 2. 机床切削精度检验内容及方法

（3）技师

数控车技师技能鉴定标准见表6.3。

表6.3 数控车技师技能鉴定标准

职业功能	工作内容	技能要求	相关知识
一、加工准备	（一）读图与绘图	1. 能绘制工装装配图 2. 能读懂常用数控车床的机械结构图及装配图	1. 工装装配图的画法 2. 常用数控车床的机械原理图及装配图的画法
	（二）制定加工工艺	1. 能编制高难度、高精密、特殊材料零件的数控加工多工种工艺文件 2. 能对零件的数控加工工艺进行合理性分析，并提出改进建议 3. 能推广应用新知识、新技术、新工艺、新材料	1. 零件的多工种工艺分析方法 2. 数控加工工艺方案合理性的分析方法及改进措施 3. 特殊材料的加工方法 4. 新知识、新技术、新工艺、新材料
	（三）零件定位与装夹	能设计与制作零件的专用夹具	专用夹具的设计与制造方法
	（四）刀具准备	1. 能依据切削条件和刀具条件估算刀具的使用寿命 2. 根据刀具寿命计算并设置相关参数 3. 能推广应用新刀具	1. 切削刀具的选用原则 2. 延长刀具寿命的方法 3. 刀具新材料、新技术 4. 刀具使用寿命的参数设定方法
二、数控编程	（一）手工编程	能编制车削中心、车铣中心的三轴及三轴以上（含旋转轴）的加工程序	编制车削中心、车铣中心加工程序的方法
	（二）计算机辅助编程	1. 能用计算机辅助设计/制造软件进行车削零件的造型和生成加工轨迹 2. 能根据不同的数控系统进行后置处理并生成加工代码	1. 三维造型和编辑 2. 计算机辅助设计/制造软件（三维）的使用方法

（续表）

职业功能	工作内容	技能要求	相关知识
二、数控编程	（三）数控加工仿真	能利用数控加工仿真软件分析和优化数控加工工艺	数控加工仿真软件的使用方法
三、零件加工	（一）轮廓加工	1. 能编制数控加工程序车削多拐曲轴达到以下要求： （1）直径公差等级 IT6 （2）表面粗糙度 $R_a1.6\mu m$ 2. 能编制数控加工程序对适合在车削中心加工的带有车削、铣削等工序的复杂零件进行加工	1. 多拐曲轴车削加工的基本知识 2. 车削加工中心加工复杂零件的车削方法
	（二）配合件加工	能进行两件（含两件）以上具有多处尺寸链配合的零件加工与配合	多尺寸链配合的零件加工方法
	（三）零件精度检验	能根据测量结果对加工误差进行分析并提出改进措施	1. 精密零件的精度检验方法 2. 检具设计知识
四、数控车床维护与精度检验	（一）数控车床维修	1. 能实施数控车床的一般维修 2. 能借助字典阅读数控设备的主要外文信息	1. 数控车床常用机械故障的维修方法 2. 数控车床专业外文知识
	（二）数控车床故障诊断和排除	1. 能排除数控车床机械、液压、气压和冷却系统的一般故障 2. 能排除数控车床控制与电器系统的一般故障 3. 能够排除数控车床刀架的一般故障	1. 数控车床液压、气压元件的维修方法 2. 数控车床电器元件的维修方法 3. 数控车床数控系统的基本原理 4. 数控车床刀架维修方法
	（三）机床精度检验	1. 能利用量具、量规对机床定位精度、重复定位精度、主轴精度、刀架的转位精度进行精度检验 2. 能根据机床切削精度判断机床精度误差	1. 机床定位精度检验、重复定位精度检验的内容及方法 2. 机床动态特性的基本原理
五、培训与管理	（一）操作指导	能指导本职业中级、高级工进行实际操作	操作指导书的编制方法
	（二）理论培训	1. 能对本职业中级、高级工和技师进行理论培训 2. 能系统地讲授各种切削刀具的特点和使用方法	1. 培训教材编写方法 2. 切削刀具的特点和使用方法
	（三）质量管理	能在本职工作中认真贯彻各项质量标准	相关质量标准
	（四）生产管理	能协助部门领导进行生产计划、调度及人员的管理	生产管理基本知识
	（五）技术发造与创新	能进行加工工艺、夹具、刀具的改进	数控加工工艺综合知识

（4）高级技师

数控车高级技师职业技能鉴定标准见表 6.4。

表 6.4　数控车高级技师职业技能鉴定标准

职业功能	工作内容	技能要求	相关知识
一、工艺分析与设计	（一）读图与绘图	1. 能绘制复杂工装装配图 2. 能读懂常用数控车床的电气、液压原理图	1. 复杂工装设计方法 2. 常用数控车床电气、液压原理图的画法
	（二）制定加工工艺	1. 能对高难度、高精密零件的数控加工工艺方案进行优化并实施 2. 能编制多轴车削中心的数控加工工艺文件 3. 能对零件加工工艺提出改进建议	1. 复杂、精密零件加工工艺的系统知识 2. 车削中心、车铣中心加工工艺文件编制方法

（续表）

职业功能	工作内容	技能要求	相关知识
一、工艺分析与设计	（三）零件定位与装夹	能对现有的数控车床夹具进行误差分析并提出改进建议	误差分析方法
	（四）刀具准备	能根据零件要求设计刀具，并提出制造方法	刀具的设计与制造知识
二、零件加工	（一）异形零件加工	能解决高难度（如十字座类、连杆类、叉架类等异形零件）零件车削加工的技术问题，并制定工艺措施	高难度零件的加工方法
	（二）零件精度检验	能制定高难度零件加工过程中的精度检验方法	在机械加工全过程中影响质量的因素及提高质量的措施
三、数控车床维护与精度检验	（一）数控车床维修	1. 能组织并实施数控车床的重大维修 2. 能借助字典看懂数控设备的主要外文技术资料 3. 能针对机床运行现状合理调整数控系统相关参数	数控车床大修方法 数控系统机床参数信息表
	（二）数控车床故障诊断和排除	1. 能分析数控车床机械、液压、气压和冷却系统故障产生的原因，并能提出改进措施减少故障率 2. 能根据机床电路图或可编程逻辑控制器（PLC）梯形图检查出故障发生点，并提出机床维修方案	1. 数控车床数控系统的控制方法 2. 数控机床机械、液压、气压和冷却系统结构调整和维修方法 3. 机床电路图使用方法 4. 可编程逻辑控制器（PLC）的使用方法
	（三）机床精度检验	1. 能利用激光干涉仪或其他设备对数控车床进行定位精度、重复定位精度、导轨垂直平行度的检验 2. 能通过调整和修改机床参数对可补偿的机床误差进行精度补偿	1. 激光干涉仪的使用方法 2. 误差统计和计算方法 3. 数控系统中机床误差的补偿
	（四）数控设备网络化	能借助网络设备和软件系统实现数控设备的网络化管理	数控设备网络接口及相关技术
四、培训与管理	（一）操作指导	能指导本职业中级、高级工和技师进行实际操作	操作理论教学指导书的编写方法
	（二）理论培训	能对本职业中级、高级工和技师进行理论培训	教学计划与大纲的编制方法
	（三）质量管理	能应用全面质量管理知识，实现操作过程的质量分析与控制	质量分析与控制方法
	（四）技术改造与创新	能组织实施技术改造和创新，并撰写相应的论文	科技论文撰写方法

二、数控铣工国家职业标准

1．职业名称

数控铣工。

2．职业定义

从事编制数控加工程序并操作数控铣床进行零件铣削加工的人员。

3．职业等级

本职业共设四个等级，分别为中级（国家职业资格四级）、高级（国家职业资格三级）、技师（国家职业资格二级）、高级技师（国家职业资格一级）。

4．申报条件

（1）中级（具备以下条件之一者）

① 经本职业中级正规培训达规定标准学时数，并取得结业证书。

② 连续从事本职业工作 5 年以上。

③ 取得经劳动保障行政部门审核认定的，以中级技能为培养目标的中等以上职业学校本职业（或相关专业）毕业证书。

④ 取得相关职业中级《职业资格证书》后，连续从事本职业 2 年以上。

（2）高级（具备以下条件之一者）

① 取得本职业中级职业资格证书后，连续从事本职业工作 2 年以上，经本职业高级正规培训，达到规定标准学时数，并取得结业证书。

② 取得本职业中级职业资格证书后，连续从事本职业工作 4 年以上。

③ 取得相关主管部门审核认定的，以高级技能为培养目标的职业学校本职业（或相关专业）毕业证书。

④ 大专以上本专业或相关专业毕业生，经本职业高级正规培训，达到规定标准学时数，并取得结业证书。

（3）技师（具备以下条件之一者）

① 取得本职业高级职业资格证书后，连续从事本职业工作 4 年以上，经本职业技师正规培训达规定标准学时数，并取得结业证书。

② 取得本职业高级职业资格证书的职业学校本职业（专业）毕业生，连续从事本职业工作 2 年以上，经本职业技师正规培训达规定标准学时数，并取得结业证书。

③ 取得本职业高级职业资格证书的本科（含本科）以上本专业或相关专业的毕业生，连续从事本职业工作 2 年以上，经本职业技师正规培训达规定标准学时数，并取得结业证书。

（4）高级技师

取得本职业技师职业资格证书后，连续从事本职业工作 4 年以上，经本职业高级技师正规培训达规定标准学时数，并取得结业证书。

5．数控铣职业技能鉴定标准

本标准对中级、高级、技师和高级技师的技能要求依次递进，高级别涵盖低级别的要求。

（1）中级

数控铣中级工职业技能鉴定标准见表 6.5。

表 6.5　数控铣中级工职业技能鉴定标准

职业功能	工作内容	技能要求	相关知识
一、加工准备	（一）读图与绘图	能读懂中等复杂程度（如凸轮、壳体、板状、支架）的零件图 能绘制有沟槽、台阶、斜面、曲面的简单零件图 能读懂分度头尾架、弹簧夹头套筒、可转位铣刀结构等简单机构装配图	复杂零件的表达方法 简单零件图的画法 零件三视图、局部视图和剖视图的画法

（续表）

职业功能	工作内容	技能要求	相关知识
一、加工准备	（二）制定加工工艺	能读懂复杂零件的铣削加工工艺文件 能编制由直线、圆弧等构成的二维轮廓零件的铣削加工工艺文件	数控加工工艺知识 数控加工工艺文件的制定方法
	（三）零件定位与装夹	能使用铣削加工常用夹具（如压板、虎钳、平口钳等）装夹零件 能够选择定位基准，并找正零件	常用夹具的使用方法 定位与夹紧的原理和方法 零件找正的方法
	（四）刀具准备	能够根据数控加工工艺文件选择、安装和调整数控铣床常用刀具 能根据数控铣床特性、零件材料、加工精度、工作效率等选择刀具和刀具几何参数，并确定数控加工需要的切削参数和切削用量 能够利用数控铣床的功能，借助通用量具或对刀仪测量刀具的半径及长度 能选择、安装和使用刀柄 能够刃磨常用刀具	金属切削与刀具磨损知识 数控铣床常用刀具的种类、结构、材料和特点 数控铣床、零件材料、加工精度和工作效率对刀具的要求 刀具长度补偿、半径补偿等刀具参数的设置知识 刀柄的分类和使用方法 刀具刃磨的方法
二、数控编程	（一）手工编程	能编制由直线、圆弧组成的二维轮廓数控加工程序 能够运用固定循环、子程序进行零件的加工程序编制	数控编程知识 直线插补和圆弧插补的原理 节点的计算方法
	（二）计算机辅助编程	能够使用CAD/CAM软件绘制简单零件图 能够利用CAD/CAM软件完成简单平面轮廓的铣削程序	CAD/CAM软件的使用方法 平面轮廓的绘图与加工代码生成方法
三、数控铣床操作	（一）操作面板	能够按照操作规程启动及停止机床 能使用操作面板上的常用功能键（如回零、手动、MDI、修调等）	数控铣床操作说明书 数控铣床操作面板的使用方法
	（二）程序输入与编辑	能够通过各种途径（如DNC、网络）输入加工程序 能够通过操作面板输入和编辑加工程序	数控加工程序的输入方法 数控加工程序的编辑方法
	（三）对刀	能进行对刀并确定相关坐标系 能设置刀具参数	对刀的方法 坐标系的知识 建立刀具参数表或文件的方法
	（四）程序调试与运行	能够进行程序检验、单步执行、空运行并完成零件试切	程序调试的方法
	（五）参数设置	能够通过操作面板输入有关参数	数控系统中相关参数的输入方法
四、零件加工	（一）平面加工	能够运用数控加工程序进行平面、垂直面、斜面、阶梯面等的铣削加工，并达到如下要求： （1）尺寸公差等级达IT7 （2）形位公差等级达IT8 （3）表面粗糙度达R_a3.2μm	平面铣削的基本知识 刀具端刃的切削特点
	（二）轮廓加工	能够运用数控加工程序进行由直线、圆弧组成的平面轮廓铣削加工，并达到如下要求： （1）尺寸公差等级达IT8 （2）形位公差等级达IT8 （3）表面粗糙度达R_a3.2μm	平面轮廓铣削的基本知识 刀具侧刃的切削特点
	（三）曲面加工	能够运用数控加工程序进行圆锥面、圆柱面简单曲面的铣削加工，并达到如下要求： （1）尺寸公差等级达IT8 （2）形位公差等级达IT8 （3）表面粗糙度达R_a3.2μm	1.曲面铣削的基本知识 2.球头刀具的切削特点

(续表)

职业功能	工作内容	技能要求	相关知识
四、零件加工	（四）孔类加工	能够运用数控加工程序进行孔加工，并达到如下要求： （1）尺寸公差等级达 IT7 （2）形位公差等级达 IT8 （3）表面粗糙度达 $R_a 3.2 \mu m$	麻花钻、扩孔钻、丝锥、镗刀及铰刀的加工方法
	（五）槽类加工	能够运用数控加工程序进行槽、键槽的加工，并达到如下要求： （1）尺寸公差等级达 IT8 （2）形位公差等级达 IT8 （3）表面粗糙度达 $R_a 3.2 \mu m$	槽、键槽的加工方法
	（六）精度检验	能够使用常用量具进行零件的精度检验	常用量具的使用方法 零件精度检验及测量方法
五、维护与故障诊断	（一）机床日常维护	能够根据说明书完成数控铣床的定期及不定期维护保养，包括机械、电、气、液压、数控系统检查和日常保养等	数控铣床说明书 数控铣床日常保养方法 数控铣床操作规程 数控系统（进口、国产数控系统）说明书
	（二）机床故障诊断	能读懂数控系统的报警信息 能发现数控铣床的一般故障	数控系统的报警信息 机床的故障诊断方法
	（三）机床精度检查	能进行机床水平的检查	水平仪的使用方法 机床垫铁的调整方法

（2）高级

数控铣高级工职业技能鉴定标准见表 6.6。

表 6.6　数控铣高级工职业技能鉴定标准

职业功能	工作内容	技能要求	相关知识
一、加工准备	（一）读图与绘图	能读懂装配图并拆画零件图 能够测绘零件 能够读懂数控铣床主轴系统、进给系统的机构装配图	根据装配图拆画零件图的方法 零件的测绘方法 数控铣床主轴与进给系统基本构造知识
	（二）制定加工工艺	能编制二维、简单三维曲面零件的铣削加工工艺文件	复杂零件数控加工工艺的制定
	（三）零件定位与装夹	能选择和使用组合夹具和专用夹具 能选择和使用专用夹具装夹异型零件 能分析并计算夹具的定位误差 能够设计与自制装夹辅具（如轴套、定位件等）	数控铣床组合夹具和专用夹具的使用、调整方法 专用夹具的使用方法 夹具定位误差的分析与计算方法 装夹辅具的设计与制造方法
	（四）刀具准备	能够选用专用工具（刀具和其他） 能够根据难加工材料的特点，选择刀具的材料、结构和几何参数	专用刀具的种类、用途、特点和刃磨方法 切削难加工材料时的刀具材料和几何参数的确定方法
二、数控编程	（一）手工编程	能够编制较复杂的二维轮廓铣削程序 能够根据加工要求编制二次曲面的铣削程序 能够运用固定循环、子程序进行零件的加工程序编制 能够进行变量编程	较复杂二维节点的计算方法 二次曲面几何体外轮廓节点计算 固定循环和子程序的编程方法 变量编程的规则和方法

（续表）

职业功能	工作内容	技能要求	相关知识
二、数控编程	（二）计算机辅助编程	能够利用 CAD/CAM 软件进行中等复杂程度的实体造型（含曲面造型） 能够生成平面轮廓、平面区域、三维曲面、曲面轮廓、曲面区域、曲线的刀具轨迹 能进行刀具参数的设定 能够进行加工参数的设置 能确定刀具的切入切出位置与轨迹 能够编辑刀具轨迹 能够根据不同的数控系统生成 G 代码	1. 实体造型的方法 2. 曲面造型的方法 3. 刀具参数的设置方法 4. 刀具轨迹生成的方法 5. 各种材料切削用量的数据 6. 有关刀具切入切出的方法对加工质量影响的知识 7. 轨迹编辑的方法 8. 后置处理程序的设置和使用方法
	（三）数控加工仿真	能够利用数控加工仿真软件实施加工过程仿真、加工代码检查与干涉检查	数控加工仿真软件的使用方法
三、数控铣床操作	（一）程序调试与运行	能够在机床中断加工后正确恢复加工	程序的中断与恢复加工的方法
	（二）参数设置	能够依据零件特点设置相关参数进行加工	数控系统参数设置方法
四、零件加工	（一）平面铣削	能够编制数控加工程序铣削平面、垂直面、斜面、阶梯面等，并达到如下要求： （1）尺寸公差等级达 IT7 （2）形位公差等级达 IT8 （3）表面粗糙度达 R_a3.2μm	1. 平面铣削精度控制方法 2. 刀具端刃几何形状的选择方法
	（二）轮廓加工	能够编制数控加工程序铣削较复杂的（如凸轮等）平面轮廓，并达到如下要求： （1）尺寸公差等级达 IT8 （2）形位公差等级达 IT8 （3）表面粗糙度达 R_a3.2μm	1. 平面轮廓铣削的精度控制方法 2. 刀具侧刃几何形状的选择方法
	（三）曲面加工	能够编制数控加工程序铣削二次曲面，并达到如下要求： （1）尺寸公差等级达 IT8 （2）形位公差等级达 IT8 （3）表面粗糙度达 R_a3.2μm	1. 二次曲面的计算方法 2. 刀具影响曲面加工精度的因素以及控制方法
	（四）孔系加工	能够编制数控加工程序对孔系进行切削加工，并达到如下要求： （1）尺寸公差等级达 IT7 （2）形位公差等级达 IT8 （3）表面粗糙度达 R_a3.2μm	麻花钻、扩孔钻、丝锥、镗刀及铰刀的加工方法
	（五）深槽加工	能够编制数控加工程序进行深槽、三维槽的加工，并达到如下要求： （1）尺寸公差等级达 IT8 （2）形位公差等级达 IT8 （3）表面粗糙度达 R_a3.2μm	深槽、三维槽的加工方法
	（六）配合件加工	能够编制数控加工程序进行配合件加工，尺寸配合公差等级达 IT8	配合件的加工方法 尺寸链换算的方法
	（七）精度检验	能够利用数控系统的功能使用百（千）分表测量零件的精度 能对复杂、异形零件进行精度检验 能够根据测量结果分析产生误差的原因 能够通过修正刀具补偿值和修正程序来减少加工误差	复杂、异形零件的精度检验方法 产生加工误差的主要原因及其消除方法
五、维护与故障诊断	（一）日常维护	能完成数控铣床的定期维护	数控铣床定期维护手册
	（二）故障诊断	能排除数控铣床的常见机械故障	机床的常见机械故障诊断方法
	（三）机床精度检验	能协助检验机床的各种出厂精度	机床精度的基本知识

（3）技师

数控铣技师职业技能鉴定标准见表 6.7。

表 6.7　数控铣技师职业技能鉴定标准

职业功能	工作内容	技能要求	相关知识
一、加工准备	（一）读图与绘图	能绘制工装装配图 能读懂常用数控铣床的机械原理图及装配图	工装装配图的画法 常用数控铣床的机械原理图及装配图的画法
	（二）制定加工工艺	能编制高难度、精密、薄壁零件的数控加工工艺规程 能对零件的多工种数控加工工艺进行合理性分析，并提出改进建议 能够确定高速加工的工艺文件	精密零件的工艺分析方法 数控加工多工种工艺方案合理性的分析方法及改进措施 高速加工的原理
	（三）零件定位与装夹	能设计与制作高精度箱体类、叶片、螺旋桨等复杂零件的专用夹具 能对现有的数控铣床夹具进行误差分析并提出改进建议	专用夹具的设计与制造方法 数控铣床夹具的误差分析及消减方法
	（四）刀具准备	能够依据切削条件和刀具条件估算刀具的使用寿命，并设置相关参数 能根据难加工材料合理选择刀具材料和切削参数 能推广使用新知识、新技术、新工艺、新材料、新型刀具 能进行刀具刀柄的优化使用，提高生产效率，降低成本 能选择和使用适合高速切削的工具系统	切削刀具的选用原则 延长刀具寿命的方法 刀具新材料、新技术知识 刀具使用寿命的参数设定方法 难切削材料的加工方法 高速加工的工具系统知识
二、数控编程	（一）手工编程	能够根据零件与加工要求编制具有指导性的变量编程程序	变量编程的概念及其编制方法
	（二）计算机辅助编程	能够利用计算机高级语言编制特殊曲线轮廓的铣削程序 能够利用计算机 CAD/CAM 软件对复杂零件进行实体或曲线曲面造型 能够编制复杂零件的三轴联动铣削程序	计算机高级语言知识 CAD/CAM 软件的使用方法 三轴联动的加工方法
	（三）数控加工仿真	能够利用数控加工仿真软件分析和优化数控加工工艺	数控加工工艺的优化方法
三、数控铣床操作	（一）程序调试与运行	能够操作立式、卧式以及高速铣床	立式、卧式以及高速铣床的操作方法
	（二）参数设置	能够针对机床现状调整数控系统相关参数	数控系统参数的调整方法
四、零件加工	（一）特殊材料加工	能够进行特殊材料零件的铣削加工，并达到如下要求： （1）尺寸公差等级达 IT8 （2）形位公差等级达 IT8 （3）表面粗糙度达 $R_a 3.2 \mu m$	特殊材料的材料学知识 特殊材料零件的铣削加工方法
	（二）薄壁加工	能够进行带有薄壁的零件加工，并达到如下要求： （1）尺寸公差等级达 IT8 （2）形位公差等级达 IT8 （3）表面粗糙度达 $R_a 3.2 \mu m$	薄壁零件的铣削方法
	（三）曲面加工	1. 能进行三轴联动曲面的加工，并达到如下要求： （1）尺寸公差等级达 IT8 （2）形位公差等级达 IT8 （3）表面粗糙度达 $R_a 3.2 \mu m$	三轴联动曲面的加工方法 四轴以上铣床/加工中心的使用方法

(续表)

职业功能	工作内容	技能要求	相关知识
四、零件加工	（三）曲面加工	2. 能够使用四轴以上铣床与加工中心进行对叶片、螺旋桨等复杂零件进行多轴铣削加工，并达到如下要求： （1）尺寸公差等级达 IT8 （2）形位公差等级达 IT8 （3）表面粗糙度达 R_a3.2μm	
	（四）易变形件加工	能进行易变形零件的加工，并达到如下要求： （1）尺寸公差等级达 IT8 （2）形位公差等级达 IT8 （3）表面粗糙度达 R_a3.2μm	易变形零件的加工方法
	（五）精度检验	能够进行大型、精密零件的精度检验	精密量具的使用方法 精密零件的精度检验方法
五、维护与故障诊断	（一）机床日常维护	能借助字典阅读数控设备的主要外文信息	数控铣床专业外文知识
	（二）机床故障诊断	能够分析和排除液压和机械故障	数控铣床常见故障诊断及排除方法
	（三）机床精度检验	能够进行机床定位精度、重复定位精度的检验	机床定位精度检验、重复定位精度检验的内容及方法
六、培训与管理	（一）操作指导	能指导本职业中级、高级进行实际操作	操作指导书的编制方法
	（二）理论培训	能对本职业中级、高级进行理论培训	培训教材的编写方法
	（三）质量管理	能在本职工作中认真贯彻各项质量标准	相关质量标准
	（四）生产管理	能协助部门领导进行生产计划、调度及人员的管理	生产管理基本知识
	（五）技术改造与创新	能够进行加工工艺、夹具、刀具的改进	数控加工工艺综合知识

（4）高级技师

数控铣高级技师职业技能鉴定标准见表6.8。

表6.8 数控铣高级技师职业技能鉴定标准

职业功能	工作内容	技能要求	相关知识
一、工艺分析与设计	（一）读图与绘图	能绘制复杂工装装配图 能读懂常用数控铣床的电气、液压原理图 能够组织中级、高级、技师进行工装协同设计	复杂工装设计方法 常用数控铣床电气、液压原理图的画法 协同设计知识
	（二）制定加工工艺	能对高难度、高精密零件的数控加工工艺方案进行合理性分析，提出改进意见并参与实施 能够确定高速加工的工艺方案 能够确定细微加工的工艺方案	复杂、精密零件机械加工工艺的系统知识 高速加工机床的知识 高速加工的工艺知识 细微加工的工艺知识
	（三）工艺装备	能独立设计复杂夹具 能在四轴和五轴数控加工中对由夹具精度引起的零件加工误差进行分析，提出改进方案，并组织实施	复杂夹具的设计及使用知识 复杂夹具的误差分析及消减方法 多轴数控加工的方法
	（四）刀具准备	能根据零件要求设计专用刀具，并提出制造方法 能系统地讲授各种切削刀具的特点和使用方法	专用刀具的设计与制造知识 切削刀具的特点和使用方法

（续表）

职业功能	工作内容	技能要求	相关知识
二、零件加工	（一）异形零件加工	能解决高难度、异形零件加工的技术问题，并制定工艺措施	高难度零件的加工方法
	（二）精度检验	能够设计专用检具，检验高难度、异形零件	检具设计知识
三、机床维护与精度检验	（一）数控铣床维护	能借助字典看懂数控设备的主要外文技术资料 能够针对机床运行现状合理调整数控系统相关参数	数控铣床专业外文知识
	（二）机床精度检验	能够进行机床定位精度、重复定位精度的检验	机床定位精度、重复定位精度的检验和补偿方法
	（三）数控设备网络化	能够借助网络设备和软件系统实现数控设备的网络化管理	数控设备网络接口及相关技术
四、培训与管理	（一）操作指导	能指导本职业中级、高级和技师进行实际操作	操作理论教学指导书的编写方法
	（二）理论培训	能对本职业中级、高级和技师进行理论培训 能系统地讲授各种切削刀具的特点和使用方法	教学计划与大纲的编制方法 切削刀具的特点和使用方法
	（三）质量管理	能应用全面质量管理知识，实现操作过程的质量分析与控制	质量分析与控制方法
	（四）技术改造与创新	能够组织实施技术改造和创新，并撰写相应的论文	科技论文的撰写方法

第三节　数控职业资格鉴定方式

一、鉴定方式

鉴定方式分为理论知识考试和技能操作考核。理论知识考试采用闭卷方式，技能操作（含软件应用）考核采用现场实际操作和计算机软件操作方式。理论知识考试和技能操作（含软件应用）考核均实行百分制，成绩皆达 60 分及以上者为合格。技师和高级技师还需进行综合评审。其中理论知识考试在标准教室里进行，软件应用考试在计算机机房进行，技能操作考核在配备必要的数控铣床及必要的刀具、夹具、量具和辅助设备的场所进行。

理论知识考试为 120 分钟。技能操作考核中实操时间为：中级、高级不少于 240 分钟，技师和高级技师不少于 300 分钟，技能操作考核中软件应用考试时间为不超过 120 分钟，技师和高级技师的综合评审时间不少于 45 分钟。

二、鉴定内容比重表

1. 理论知识

理论知识内容比重表见表 6.9。

表 6.9 理论知识内容比重表

项目		中级/%	高级/%	技师/%	高级技师/%
基本要求	职业道德	5	5	5	5
	基础知识	20	20	15	15
相关知识	加工准备	15	15	25	—
	数控编程	20	20	10	—
	数控铣床操作	5	5	5	—
	零件加工	30	30	20	15
	数控铣床维护与精度检验	5	5	10	10
	培训与管理	—	—	10	15
	工艺分析与设计	—	—	—	40
合计		100	100	100	100

2. 技能操作

技能操作内容比重表见表 6.10。

表 6.10 技能操作内容比重表

项目		中级/%	高级/%	技师/%	高级技师/%
技能要求	加工准备	10	10	10	—
	数控编程	30	30	30	—
	数控铣床操作	5	5	5	—
	零件加工	50	50	45	45
	数控铣床维护与精度检验	5	5	5	10
	培训与管理	—	—	5	10
	工艺分析与设计	—	—	—	35
合计		100	100	100	100

第四节 数控机床高级工鉴定样题

一、数控车床实操样题

1. 材料准备

材料准备见表 6.11。

表 6.11 材料准备

名称	规格	数量	要求
铝 L12	$\phi 80 \times 160$	1 根/每位考生	考场准备

2. 设备、辅具准备

设备、辅具准备见表 6.12。

表6.12 设备、辅具准备

名称	型号	数量	要求
数控车床			考场准备
三爪扳手	相应机床	1/每台	考场准备
刀架扳手	相应机床	1/每台	考场准备
活顶尖	相应机床	1/每台	考场准备
钻夹头	相应机床	1/每台	考场准备
钻套	内莫氏3号	1/每台	考场准备
铜锤		1	考场准备
中心钻	A3	1	考场准备
油石		1	考场准备
铜皮	0.2mm	1	考场准备
垫刀片		1	考场准备

3. 工、刀、量具准备

工、刀、量具准备见表6.13。

表6.13 工、刀、量具准备

序号	名称	规格	数量	要求
1	外圆车刀	35°	1	考生准备
2	内孔镗刀		1	考生准备
3	内孔螺纹刀	1.5mm	1	考生准备
4	外螺纹刀	1.5mm	1	考生准备
5	外圆切槽刀	3mm	1	考生准备
6	内孔切槽刀	3mm	1	考生准备
7	端面槽车刀		1	考生准备
8	钻头	$\phi 24$	1	考生准备
9	游标卡尺	0~130	1	考生准备
10	百分表		1	考生准备
11	千分尺	25~50	1	考生准备
12	千分尺	50~75	1	考生准备
13	千分尺	75~100	1	考生准备
14	螺纹千分尺	螺距1.5mm	1	考生准备
15	塞块	5H8	1	考生准备
16	R规		1	考生准备
17	内径百分表		1	考生准备
18	深度千分尺	0~50	1	考生准备
19	螺纹塞规	M30×1.5	1	考生准备
20	磁力表座		1	考生准备

4. 实操图纸

实操图纸如图6.1所示。

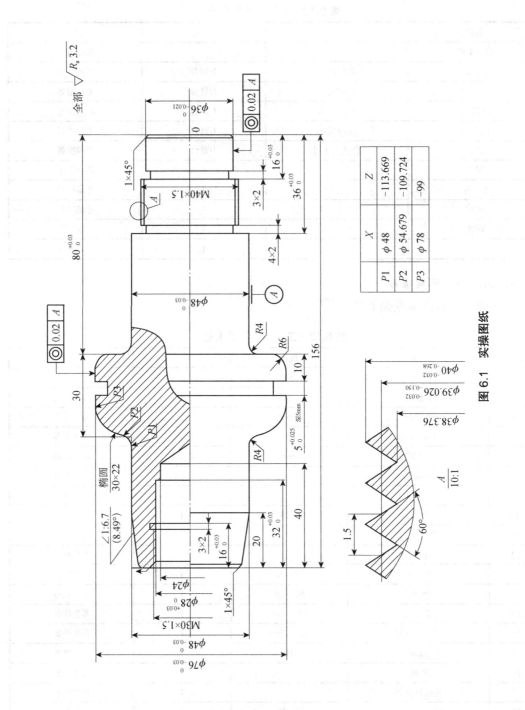

图 6.1 实操图纸

二、数控车床仿真试题及参考程序

仿真实体图纸如图 6.2 所示。

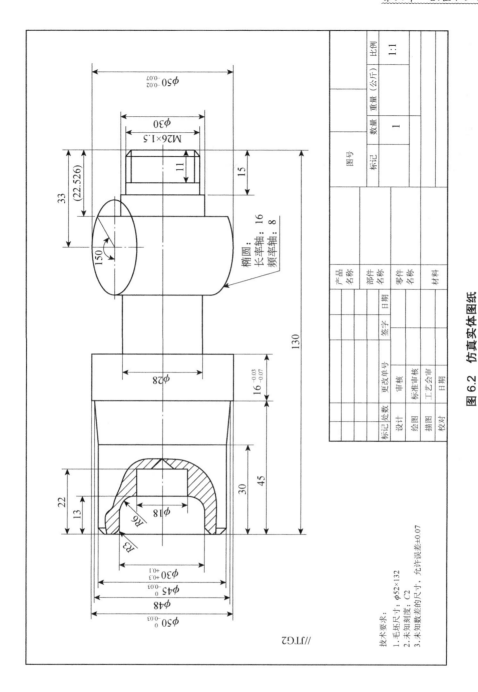

图 6.2 仿真实体图纸

1．刀具

1号刀 外圆刀，2号刀 切槽刀5mm，3号刀 螺纹刀，4号刀，内孔刀。

2．工序安排

（1）加工左端外圆：切槽，外圆刀一刀切；定位至椭圆起点，一刀切椭圆。

（2）加工左端内孔。

（3）调头加工右端。

3．参考程序

（1）右端程序 O0001

G98M3S500;		T0303;	
T0101;		G0X28.Z2.;	
G0X52.Z2.;	循环起点	G92X25.2Z-11.F1.5;	螺纹加工
G71U1.5R1.;		X24.6;	
G71P10Q20U0.5W0F100;	初加工循环	X24.2;	
N10G00X22.;		X24.05;	
G01Z0;		G0X100.Z100.;	
X26.Z-2.;		M30;	
Z-15.;			
X30.;			
G01Z-22.526.;			
X49.955.;			
N20Z-35.;			
G70P10Q20;	精加工循环		
G0X100.Z100.;			

（2）左端程序 O0002

G98M3S500;		#1=16.;	宏程序
T0202;		N10#2=16.*SQRT[1-#1*#1/256.];	
G00X52.Z-81.;		G01X[#2+34.]Z[#1-97.];	
G01X38.F80;		#1=#1-0.05;	
Z-65.95.;		IF[#1GE-10.474]GOTO10;	
X28.;		G00X80.;	
Z-81.;		Z50.;	
G00X52.;		T0404;	
X80.Z50.;		G00X17.Z2.;	
T0101;		G71U1.5R1.;	初加工循环
G00X41.Z2.;		G71P50Q60U-0.3W0;	
G01Z0F80;		N50G00G41X36.02;	
X45.Z-2.;		G01Z0;	
Z-30.;		G02X30.02Z-3.R3.;	
X48.Z-45.;		G01Z-7.;	
X50.;		N60G03X18.Z-13.R6.;	
Z-80.;		G70P50Q60;	精加工循环
X34.;		G00G40X80.Z50.;	
G01Z-81.;		M30;	

三、数控铣床实操样题

1．推荐使用刀具

推荐刀具见表6.14。

表 6.14 推荐刀具

序号	刀具类型	规格
1	键槽铣刀	$\phi 16$
2	立铣刀	$\phi 8$
3	钻头	$\phi 12$

2．工件毛坯尺寸

$\phi 80 \times 30$ 实操样题图纸如图 6.3 所示。

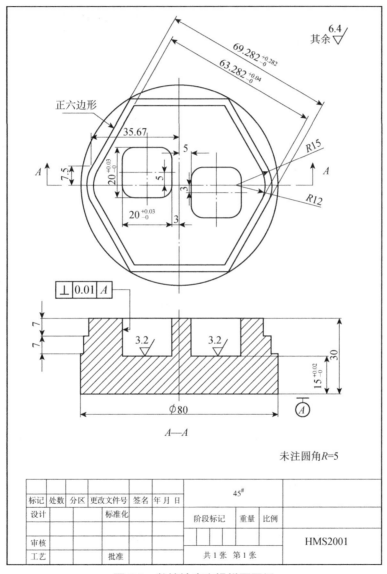

图 6.3 数控铣床实操样题图纸

3. 参考程序

参考程序如下：

G91 G28 Z0	G03 I-48	G1 X-18.268 Y31.641	Z3
T1 M6	G1 X55 Y0	X25	#5=0.9
(Tool Name=D16 D=16.00	G0 Z100	G40 Y45	G1 Z0 F300
L=40 R=0.00)	X-25 Y45	G0 Z10	N55 G1 Z-#5
G54 G90 G0 Z100 G43 H1	Z3	#3=#3+2	G41 X6 D2 F888
M3 S3000	G1 Z0 F500	IF [#3 LE 7] GOTO 33	X5.7
X-60Y0	#2=1	G0 Z100	Y5
Z3	N22 G1 Z-#2 F1111	M09	G03 X5. Y6 R1
G1 Z0.1 F500	G41 Y34.641 D1	M05	G01 X-5.
X-35Y0 F1111	X20	G91 G28 Z0	G03 X-6 Y5. R1
G02I35	X35.67 Y7.5	T2 M6	G01 Y-5.
G1X-25	G02 Y-7.5 R15	(Tool Name=D8 D=8.00	G03 X-5. Y-6 R1
G02 I25	G1 X20 Y-34.641	L=20.00 R=0.00)	G01 X5.
G1X-15	X-20	G54 G90 G0 Z100 G43 H2	G03 X6 Y-5. R1
G02 I15	Y-7.5 X-35.67	M3 S3500	G01 Y0.0
G1X-5	G02 Y7.5 R15	G52 X15 Y-3	G40 X0
G02 I5	G1 X-20 Y34.641	X0 Y0	#5=#5+1
G1X0Y0	X25	Z3	IF [#5 LE 14.9]
G0 Z10	G40 Y45	#4=0.9	GOTO 55
X-60Y0	G0 Z10	G1 Z0 F300	G0Z100
Z3	#2=#2+2	N44 G1 Z-#4	M09
G1 Z0 F500	IF [#2 LE 14] GOTO 22	G41 X6 D2 F888	M05
X-35Y0 F1111	G0 Z100	X5.7	G52 X15 Y-3
G02I35	G91 G28 Z0	Y5	X0 Y0
G1X-25	T3 M6	G03 X5. Y6 R1	Z3
G02 I25	(Tool Name=D12 D=8.00	G01 X-5.	#7=15
G1X-15	L=20.00 R=0.00)	G03 X-6 Y5. R1	G1 Z-14.6 F500
G02 I15	G54 G90 G0 Z100 G43 H3	G01 Y-5.	N44 G1 X5 Z-[#7-0.1]
G1X-5	M3 S3200	G03 X-5. Y-6 R1	X-5 Z-#7

- 224 -

G02 I5
G1X0Y0
G0 Z10
G0 Z100
X60 Y0
Z3
G1 Z0 F500
X48
#1=0
N10 G03 I-48Z-#1 F1111
#1=#1+2
IF [#1 LE 30] GOTO 10
G03 I-48
G1 X55 Y0
G0 Z100
G03 X5.7 Y-5.95 R0.95
G01 Y0.0
X0
G0Z100
G52X0Y0
G52 X-13 Y5
X0 Y0
Z3
#8=15
G1 Z-14.6 F350

X-25 Y45
Z3
G1 Z0 F500
#3=1
N33 G1 Z-#3 F1111
G41 Y31.641 D1
X18.268
X33.072 Y6
G02 Y-7.5 R12
G1 X18.268 Y-31.641
X-18.268
Y-7.5 X-33.072
G02 Y6 R12
N44 G1 X5 Z-[#8-0.1]
X-5 Z-#8
X3 Y0 F666
Y3
X-3
Y-3
X3
Y0
X5.7
Y5

G01 X5.
G03 X6 Y-5. R1
G01 Y0.0
G40 X0
#4=#4+1
IF [#4 LE 14.9] GOTO 44
G0Z100
G52X0Y0
G52 X-13 Y5
X0 Y0
G03 X5. Y5.95 R0.95
G01 X-5.
G03 X-5.7 Y5.95   R0.95
G01 Y-5.
G03 X-5. Y-5.95 R0.95
G01 X5.
G03 X5.7 Y-5.95 R0.95
G01 Y0.0

X3 Y0 F666
Y3
X-3
Y-3
X3
Y0
X5.7
Y5
G03X5.Y5.95R0.95
G01 X-5.
G3X5.7Y5.95R0.95
G01 Y-5.
G3X-5Y-5.95R0.95
G01 X5.
G03 X5.7 Y-5.95 R0.95
G01 Y0.0
X0
G0Z100
G52X0Y0
X0
G0Z100
G52X0Y0
G91 G28 Z0
G91 G28 Y0
M30
%

四、数控铣床仿真样题

数控铣床仿真样题图纸如图 6.4 所示。

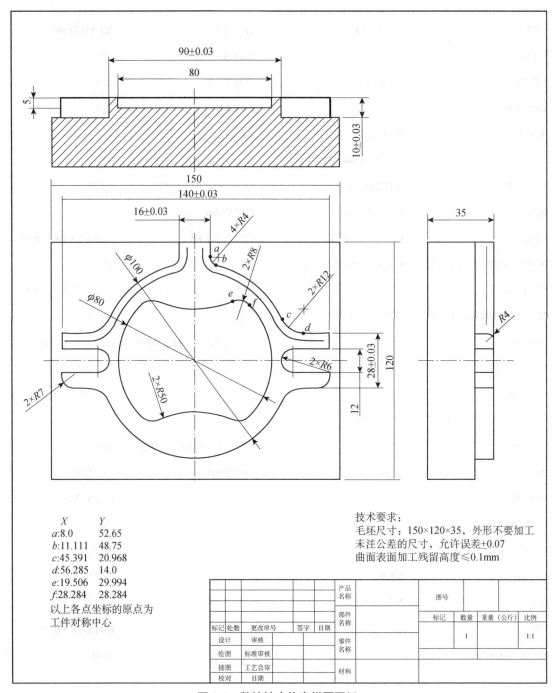

图 6.4 数控铣床仿真样题图纸

五、数控高级工理论考试参考试题（题型只是判断和选择）

理论考试参考样题

1. 齿轮轮齿部分的规定画法是：齿顶圆用粗实线绘制，分度圆用双点划线绘制，齿根圆用粗实线绘制,也可省略不画。在剖视图中,齿根圆用细实线绘制。
(A)对　　　　　　(B)错

2. 在斜视图上,不需要表达的部分,可以省略不画,与需要表达的部分之间用波浪线断开。
(A)对　　　　　　(B)错

3. 在同一公差等级中,由于基本尺寸段不同,其公差值大小相同,它们的精确程度和加工难易程度相同。
(A)对　　　　　　(B)错

4. 孔轴过渡配合中,孔的公差带与轴的公差带相互交叠。
(A)对　　　　　　(B)错

5. 线轮廓度公差带是指包络一系列直径为公差值 t 的圆的两包络线之间的区域,诸圆心应位于理想轮廓线上。
(A)对　　　　　　(B)错

6. 麻口铸铁是灰铸铁和白口铸铁间的过渡组织,没有应用价值。
(A)对　　　　　　(B)错

7. 材料由外力作用而产生的破坏过程分弹性变形、塑性变形和断裂三个阶段。
(A)对　　　　　　(B)错

8. 不对称逆铣的铣削特点是刀齿以较小的切削厚度切入,又以较大的切削厚度切出。
(A)对　　　　　　(B)错

9. 数控机床适用于单品种,大批量的生产。
(A)对　　　　　　(B)错

10. 为提高生产率,采用大进给切削要比采用大背吃刀量省力。
(A)对　　　　　　(B)错

11. 数控铣可钻孔、铰孔、铣平面、铣斜面、铣槽、铣曲面(凸轮)、攻螺纹等。
(A)对　　　　　　(B)错

12. 装配时用来确定零件或部件在产品中相对位置所采用的基准,称为定位基准。
(A)对　　　　　　(B)错

13. 定位误差包括工艺误差和设计误差。
(A)对　　　　　　(B)错

14. 若零件上每个表面都要加工,则应选加工余量最大的表面为粗基准。
(A)对　　　　　　(B)错

15. 检查加工零件尺寸时应选精度高的测量器具。
(A)对　　　　　　(B)错

16. 数控车床的刀具大多数采用焊接式刀片。
(A)对　　　　　　(B)错

17. 高速钢只能用熔炼法来制成。
(A)对　　　　　　(B)错

18. 铣刀是一种多刃刀具,切削速度高,故铣削加工的生产率高。

（A）对　　　　　　（B）错

19. 主偏角偏小时，容易引起振动，故通常在30′～90′之间选取。

（A）对　　　　　　（B）错

20. 刀具半径尺寸补偿指令的起点不能写在G02/G03程序段中，即必须在直线插补方式中加入G41或G42。

（A）对　　　　　　（B）错

21. 刀具半径补偿指令（G41/G42）和刀具偏置指令（G45/G48）可以在一个程序段中同时存在。

（A）对　　　　　　（B）错

22. 建立长度补偿的指令为G43。

（A）对　　　　　　（B）错

23. 当换刀时，必须利用G4时指令来取消前一把刀的长度补偿，否则会影响刀后一把刀的长度补偿。

（A）对　　　　　　（B）错

24. 刀其半径补偿的功能是通过执行含有G43（G44）指令来实现的。

（A）对　　　　　　（B）错

25. 当用端面铣刀加工工件的端面时则需刀具长度补偿，也需刀具半径补偿。

（A）对　　　　　　（B）错

26. 现在中档的数控系统仍多采用RS-232串行接口方式与上位机通信。

（A）对　　　　　　（B）错

27. 自动编程系统能自动设置刀具的左、右补偿偏置。

（A）对　　　　　　（B）错

28. 数控系统中，固定循环指令一般用于精加工循环。

（A）对　　　　　　（B）错

29. 固定循环指令以及Z, R, Q, P指令是模态的，直到用G90撤销指令为止。

（A）对　　　　　　（B）错

30. 孔加工循环加工通孔时一般刀具还要伸长超过工件底平面一段距离，主要是保证全部孔深都加工到尺寸，钻削时还应考虑钻头钻尖对孔深的影响。

（A）对　　　　　　（B）错

31. 子程序的编写方式必须是增量方式。

（A）对　　　　　　（B）错

32. 粗基准因精度要求不高，所以可以重复使用。

（A）对　　　　　　（B）错

33. 精加工时，使用切削液的目的是降低切削温度，起冷却作用。

（A）对　　　　　　（B）错

34. F值给定的进给速度在执行过G00之后就无效。

（A）对　　　　　　（B）错

35. 在数控车床中，G02是指顺圆插补，而在数控铣床中则相反。

（A）对　　　　　　　（B）错

36. 数控编程中主轴转速 S 可以用机床面板上的主轴倍率开关调整。
（A）对　　　　　　　（B）错

37. 精度高的机床，其插补运动的实际轨迹可以与理想轨迹完全相同。
（A）对　　　　　　　（B）错

38. 数控铣床按其主轴位置的不同，可分为立式数控铣床和卧式数控铣床两类。
（A）对　　　　　　　（B）错

39. 工作台是安放各种工件或安放所需夹具的地方。
（A）对　　　　　　　（B）错

40. CNC 中，靠近工件的方向为坐标系的正方向。
（A）对　　　　　　　（B）错

41. 数控铣床规定 Z 轴正方向为刀具接近工件方向。
（A）对　　　　　　　（B）错

42. 未曾在机床上运行过的新程序在调试后最好先进行校验运行，正确无误后再启动自动运行。
（A）对　　　　　　　（B）错

43. 程序编制中首件试切的作用是检验零件图设计的正确性。
（A）对　　　　　　　（B）错

44. 工作前必须戴好劳动保护品，女工戴好工作帽，不准围围巾，禁止穿高跟鞋。操作时不准戴手套，不准与他人闲谈，精神要集中。
（A）对　　　　　　　（B）错

45. 液压系统中双出杆液压缸活塞杆与缸盖处采用 V 形密封圈密封。
（A）对　　　　　　　（B）错

46. 数控铣床使用较长时间后，应定期检查机械间隙。
（A）对　　　　　　　（B）错

47. 钨钴类硬质合金主要用于加工脆性材料，如铸铁等。
（A）对　　　　　　　（B）错

48. 铣床主轴松动和工作台松动都会引起铣削时振动过大。
（A）对　　　　　　　（B）错

49. 造成铣削时振动大的主要原因，从铣床的角度来看主要是主轴松动和工作台松动。
（A）对　　　　　　　（B）错

50. 刚开始投入使用的新机器磨损速度相对较慢。
（A）对　　　　　　　（B）错

51. 在程序编制前，程序员应了解所用数控机床的规格、性能和 CNC 系统所具备的功能及编程指令格式等。
（A）对　　　　　　　（B）错

52. 快速进给速度一般为 3000mm/min，它通过参数用 G00 指定快速进给速度。
（A）对　　　　　　　（B）错

53. 单位应当按照有关规定定期对灭火器进行维护保养和维修检查。
（A）对　　　　　（B）错

54. 根据火灾的危险程度和危害后果，火灾隐患分为一般火灾隐患和重大火灾隐患。
（A）对　　　　　（B）错

55. 几种不同类型的点型探测器在编制工程量清单时，只需设置一个项目编码即可。
（A）对　　　　　（B）错

56. 组合分配系统可以同时保护多个不会同时着火的防护区，其灭火剂应按最大一个防护区需要的量来考虑。
（A）对　　　　　（B）错

57. 防护用品穿戴是否符合规定要求，对防护效能影响很大，穿戴不好甚至起相反作用。
（A）对　　　　　（B）错

58. 数控机床与普通机床在加工零件时的根本区别在与数控机床是按照事先编制好的加工程序自动地完成对零件的加工。
（A）对　　　　　（B）错

59. 岗位的质量要求不包括工作内容、工艺规程、参数控制等。
（A）对　　　　　（B）错

60. 不要在起重机吊臂下行走。
（A）对　　　　　（B）错

61. 零件图中的角度数字一律写成（　　）。
（A）垂直方向　　（B）水平方向弧线　　（C）切线方向　　（D）斜线方向

62. 当零件表面的大部分粗糙度相同时，可将相同的粗糙度代号标注在图样右上角，并在前面加注（　　）两字。
（A）全部　　　　（B）其余　　　　（C）部分　　　　（D）相同

63. 识读装配图的步骤是先（　　）。
（A）识读标题栏　（B）看视图配置　　（C）看标注尺寸　（D）看技术要求

64. 金属材料的剖面符号，应画成与水平成（　　）的互相平行、间隔均匀的细实线。
（A）15′　　　　（B）45′　　　　（C）75′　　　　（D）90′

65. 三视图中，主视图和左视图应（　　）。
（A）长对正　　　（B）高平齐　　　（C）宽相等　　　（D）宽不等

66. 无论外螺纹或内螺纹，在剖视图或断面图中的剖面线都应划到（　　）。
（A）细实线　　　（B）牙底线　　　（C）粗实线　　　（D）牙底线

67. 在公差带图中，一般取靠近零线的那个偏差为（　　）。
（A）上偏差　　　（B）下偏差　　　（C）基本偏差　　（D）自由偏差

68. 下列论述中正确的是（　　）。
（A）无论气温高低，只要零件的实际尺寸介于最大、最小极限尺寸之间，就能判断其为合格
（B）一批零件的实际尺寸最大为20.01m，最小为19.98m，则可知该零件的上偏差是

+0.01mm，下偏差是−0.02m

(C) J~N 的基本偏差为上偏差

(D) 对零部件规定的公差值越小，则其配合公差也必定越小

69. 配合代号由（　　）组成。
(A) 基本尺寸与公差带代号　　　　(B) 孔的公差带代号与轴的公差带代号
(C) 基本尺寸与孔的公差带代号　　(D) 基本尺寸与轴的公差带代号

70. 在表面粗糙度的评定参数中，属于轮廓算术平均偏差的是（　　）。
(A) R_a　　　　(B) R_z　　　　(C) R_y

71. 当零件所有表面具有相同的表面粗糙度要求时，可在图样的（　　）标注。
(A) 左上角　　(B) 右上角　　(C) 空白处　　(D) 任何地方

72. 几何形状误差包括宏观几何形状误差、微观几何形状误差和（　　）。
(A) 表面波度　　(B) 表面粗糙度　　(C) 表面不平度

73. 在下列三种钢中，钢的弹性最好的是（　　）。
(A) T10　　(B) 20钢　　(C) 65Mn

74. 在下列三种钢中，钢的塑性最好的是（　　）。
(A) T10　　(B) 20钢　　(C) 65Mn

75. 从奥氏体中析出的渗透碳体为（　　）。
(A) 一次渗碳体　　(B) 二次渗碳体　　(C) 共晶渗碳体

76. 间接成本是指（　　）。
(A) 直接计入产品成本　　　　(B) 直接计入当期损益
(C) 间接计入产品成本　　　　(D) 收入扣除利润后间接得到的成本

77. 磨削加工分为周边磨削、端面磨削和（　　）。
(A) 横磨削　　(B) 纵磨削　　(C) 综合磨削　　(D) 成形磨削

78. 激光加工一般用于切割、打孔、焊接和（　　）。
(A) 熔炼　　(B) 切削　　(C) 成型　　(D) 表面处理

79. 粗加工时，切削液以（　　）为主。
(A) 煤油　　(B) 切削油　　(C) 乳化液　　(D) 润滑油

80. 如果选择了 XY 平面，孔加工将在（　　）上定位，并在 Z 轴方向上进行孔加工。
(A) XY 平面　　(B) YZ 平面　　(C) XZ 平面　　(D) 初始平面

81. 镗孔时，为了保证镗杆和刀体有足够的刚性，孔径在 30~120mm 范围内，镗杆直径一般为孔径的（　　）倍较为合适。
(A) 1　　(B) 0.8　　(C) 0.5　　(D) 0.3

82. 标准麻花钻的顶角一般在（　　）左右。
(A) 100′　　(B) 118′　　(C) 140′　　(D) 130′

83. 对切削抗力影响最大的是（　　）。
(A) 工件材料　　(B) 切削深度　　(C) 刃具角度　　(D) 切削速度

84. 工件材料相同，车削时温升基本相等，其热变形伸长量取决（　　）。
(A) 工件长度　　(B) 材料热膨胀系数　　(C) 刃具磨损程度　　(D) 工件直径

85. 切削铸铁、青铜等材料时，容易得到（　　）。
（A）带状切屑　　（B）节状切屑　　（C）崩碎切屑　　（D）不确定
86. 数控机床适用于生产（　　）和形状复杂的零件。
（A）单件小批量　（B）单品种大批量　（C）多品种小批量　（D）多品种大批量
87. 毛坯制造时，如果（　　）应尽量利用精密铸造、精锻、冷挤压等新工艺，使切削余量大大减小，从而可缩短加工的机动时间。
（A）属于维修件　（B）批量较大　　（C）在研制阶段　　（D）要加工样品
88. （　　）的工件不适用于在数控机床上加工。
（A）普通机床难加工　　　　　　　（B）毛坯余量不稳定
（C）精度高　　　　　　　　　　　（D）形状复杂
89. （　　）是指定位时工件的同一自由度被二个定位元件重复限制的定位状态。
（A）过定位　　（B）欠定位　　（C）完全定位　　（D）不完全定位
90. 在每一工序中确定加工表面的尺寸和位置所依据的基准，称为（　　）。
（A）设计基准　（B）工序基准　（C）定位基准　（D）测量基准
91. 三个支撑点对工件是平面定位，能限制（　　）个自由度。
（A）2　　　（B）3　　　（C）4　　　（D）5
92. 装夹工件时应考虑（　　）。
（A）专用夹具　　　　　　　　　　（B）组合夹具
（C）夹紧力靠近支承点　　　　　　（D）夹紧力不变
93. 常用的夹紧机构中，自锁性能最可靠的是（　　）。
（A）斜楔　　（B）螺旋　　（C）偏心　　（D）铰链
94. 台钳、压板等夹具属于（　　）。
（A）通用夹具　（B）专用夹具　（C）组合夹具　（D）可调夹具
95. 过定位是指定位时工件的同一（　　）被二个定位元件重复限制的定位状态。
（A）平面　　（B）自由度　　（C）圆柱面　　（D）方向
96. 用固定锥销作定位元件与工件的圆柱孔端面圆周接触，这样的定位可以限制工件的（　　）个自由度。
（A）1　　　（B）2　　　（C）3　　　（D）4
97. 测量零件已加工表面的尺寸和位置所使用的基准为（　　）。
（A）定位基准　（B）测量基准　（C）装配基准　（D）工艺基准
98. 框式水平仪的主水准泡上表面是（　　）的。
（A）水平　　（B）凹圆弧形　　（C）凸圆弧形　　（D）直线形
99. （　　）是用来测量工件内外角度的量具。
（A）万能角度尺　（B）内径千分尺　（C）游标卡尺　（D）量块
100. 对于深孔件的尺寸精度，可以用（　　）进行检验。
（A）内径千分尺或内径百分表　　　（B）助塞规或内径千分尺
（C）塞规或内卡钳　　　　　　　　（D）以上均可
101. 合金工具钢刀具材料的热处理硬度是（　　）。

(A) 40~45HRC　　(B) 60~65HRC　　(C) 70~80HRC　　(D) 90~100HRC

102. 高速钢刀具切削温度超过550~600℃时，刀具材料会发生金相变化，使刀具迅速磨损，这种现象称为（　　）。
(A) 退火　　(B) 再结晶　　(C) 相变　　(D) 非常规磨损

103. 铣削紫铜材料工件时，选用的铣刀材料应以（　　）为主。
(A) 高速钢　　(B) YT类硬质合金　　(C) YG类硬质合金　　(D) 立方氮化硼

104. 前刀面与基面间的夹角是（　　）。
(A) 后角　　(B) 主偏角　　(C) 前角　　(D) 刃倾角

105. 圆柱铣刀刀位点是刀具中心线与刀具底面的交点，（　　）是球头的球心点。
(A) 端面铣刀　　(B) 棒状铣刀　　(C) 球头铣刀　　(D) 倒角铣刀

106. （　　）可分为三大类：回转刀架、转塔式、带刀库式。
(A) ATC　　(B) MDI　　(C) CRT　　(D) PLC

107. 刀具容易产生积屑瘤的切削速度大致是在（　　）范围内。
(A) 低速　　(B) 中速　　(C) 减速　　(D) 高速

108. 选择刀具起始点时应考虑（　　）。
(A) 防止与工件或夹具干涉碰撞　　(B) 方便刀具安装测量
(C) 每把刀具刀尖在起始点重合　　(D) 必须选在工件外侧

109. 刀具长度补偿使用地址（　　）。
(A) H　　(B) T　　(C) R　　(D) D

110. 刀具长度补偿由准备功能G43，G44，G49及（　　）代码指定。
(A) K　　(B) J　　(C) I　　(D) H

111. 刀具长度补偿指令G43是将（　　）代码指定的已存入偏置器中的偏置值加到运动指令终点坐标去。
(A) K　　(B) J　　(C) I　　(D) H

112. 刀具半径尺寸补偿指令的起点不能写在（　　）程序段中。
(A) C00　　(B) G02/G03　　(C) G01

113. 应用刀具半径补偿功能时，如刀补值设置为负值，则刀具轨迹是（　　）。
(A) 左补　　(B) 右补
(C) 不能补偿　　(D) 左补变右补，右补变左补

114. 单片机是（　　）。
(A) 计算机系统　　(B) 微型计算机　　(C) 微机系统　　(D) 微处理器

115. 掉电保护电路是为了（　　）。
(A) 防止强电G干扰　　(B) 防止系统软件丢失
(C) 防止RAM中保存的信息丢失　　(D) 防止电源电压波动

116. 微型计算机的出现是由于（　　）的出现。
(A) 中小规模集成电路　　(B) 大规模集成电路
(C) 晶体管电路　　(D) 集成电路

117. 数控系统准备功能中，正方向刀具长度偏移的指令是（　　）。

(A) G27　　　　(B) G28　　　　(C) G43　　　　(D) G44

118. 刀具半径补偿指令（　　）。
(A) G39, G42, G40　　　　　　　(B) G39, G41, G40
(C) G39, G41, G42　　　　　　　(D) G41, G42, G40

119. 如果孔加工固定循环中间出现了任何 01 组的 G 代码，则孔加工方式及孔加工数据也会全部自动（　　）。
(A) 运行　　　(B) 编程　　　(C) 保存　　　(D) 取消

120. 孔加工循环加工通孔时一般刀具还要伸长超过（　　）一段距离，主要是保证全部孔深都加工到尺寸，钻削时还应考虑钻头钻尖对孔深的影响。
(A) 初始平面　　(B) R点平面　　(C) 零件表面　　(D) 工件底平面

121. 采用固定循环编程，可以（　　）。
(A) 加快切削速度，提高加工质量　　(B) 缩短程序的长度，减少程序所占内存
(C) 减少换刀次数，提高切削速度　　(D) 减少吃刀深度，保证加工质量

122. 循环 G81，G85 的区别是 G81 和 G85 分别以（　　）返回。
(A) F 速度，快速　　　　　　(B) F 速度，F 速度
(C) 快速，F 速度　　　　　　(D) 快速，快速

123. 用户宏程序功能是数控系统具有（　　）功能的基础。
(A) 人机对话编程　　　　　　(B) 自动编程
(C) 循环编程　　　　　　　　(D) 几何图形坐标变换

124. 在程序中同样轨迹的加工部分，只需制作一段程序，把它称为（　　），其余相同的加工部分通过调用该程序即可。
(A) 调用程序　　(B) 固化程序　　(C) 循环指令　　(D) 子程序

125. 子程序调用和子程序返回是用（　　）指令实现的。
(A) G98　G99　　(B) M98　M99　　(C) M98　M02　　(D) M99　M98

126. 直线定位指令是（　　）。
(A) G00　　　　(B) G01　　　　(C) G04　　　　(D) M02

127. 进行轮廓铣削时，应避免（　　）切入和退出工件轮廓。
(A) 切向　　　　(B) 法向　　　　(C) 平行　　　　(D) 斜向

128. 在圆弧插补时，圆弧中心是用（　　）。
(A) 用 I，J 指定　　　　　　　(B) 只用 R 指定
(C) 用 I，J，K 指定　　　　　　(D) 用 I，J，K 同时指定

129. 用硬质合金车刀精车时，为了提高工件表面光洁程度，应尽量提高（　　）。
(A) 进给量　　(B) 切削厚度　　(C) 切削速度　　(D) 切深度

130. G01 为直线插补指令，程序段中 F 规定的速度为（　　）。
(A) 单轴的直线移动速度　　　　(B) 合成速度
(C) 曲线进给切向速度

131. 具有"坐标定位、快进、工进、孔底暂停、快速返回"动作循环的钻孔指令为（　　）。
(A) G73　　　　(B) G80　　　　(C) G81　　　　(D) G85

132. 圆弧加工指令 G02/G03 中 I, K 值用于指令（　　）。
（A）圆弧终点坐标　　　　　　　（B）圆弧起点坐标
（C）圆心的位置　　　　　　　　（D）起点相对于圆心位置

133. M 代码初始状态：M05 主轴停转，（　　）冷却泵停，M39 工作台移动无精确转位。
（A）M06　　（B）M07　　（C）M08　　（D）M09

134. 直线定位指令是（　　）。
（A）G0D　　（B）G01　　（C）G04　　（D）M02

135. 在同一个程序段中可以指令几个不同组的 G 代码，如果在同一个程序段中指令了两个以上的同组 G 代码时，（　　）G 代码有效。
（A）最前一个　　（B）最后一个　　（C）任何一个　　（D）该程序段错误

136. 程序是由多条指令组成，每一条指令都称为（　　）。
（A）程序字　　（B）地址字　　（C）子程序　　（D）程序段

137. FANUC 系统中，（　　）指令是主程序结束指令。
（A）M02　　（B）M00　　（C）M03　　（D）M30

138. 步进电动机所用的电源是（　　）。
（A）直流电源　　（B）交流电源　　（C）脉冲电源　　（D）数字信号

139. 半闭环系统的反馈装置一般装在（　　）。
（A）导轨上　　（B）伺服电机上　　（C）工作台上　　（D）刀架上

140. 圆弧插补的过程就是 CNC 系统计算出若干微小（　　）。
（A）直线段　　（B）圆弧段　　（C）斜线段　　（D）非圆曲线段

141. 闭环进给伺服系统与半闭环进给伺服系统主要区别在于（　　）。
（A）位置控制器　　（B）检测单元　　（C）伺服单元　　（D）控制对象

142. 分度头的传动机构为（　　）。
（A）齿轮传动机构　　　　　　　（B）螺旋传动机构
（C）蜗杆传动机构　　　　　　　（D）链传动机构

143. 数控铣床是一种用途广泛的机床，分有立式和（　　）两种。
（A）卧式　　（B）横式　　（C）经济式　　（D）标准式

144. 滚珠丝杆螺母副由丝杠、螺母、滚珠和（　　）组成。
（A）消隙器　　（B）补偿器　　（C）反向器　　（D）插补器

145. 数控机床按（　　）系统分开环控制系统、半闭环控制系统和闭环控制系统。
（A）控制　　（B）数控　　（C）驱动　　（D）伺服

146. 各类中小型数控机床的直线进给运动都采用（　　）作其传动部件。
（A）齿轮传动　　（B）滚珠丝杠杆　　（C）蜗轮和蜗杆　　（D）齿条传动

147. 主轴箱的功用是支撑主轴并使其实现启动、停止、（　　）和换向等。
（A）升速　　（B）车削　　（C）降速　　（D）变速

148. 数控车床操作面板上的"DELET"键的作用是（　　）。
（A）删除　　（B）复位　　（C）输入　　（D）启动

149. 机床操作面板上的启动按钮应采用（　　）按钮。
(A) 常开　　　　(B) 常闭　　　　(C) 自锁　　　　(D) 旋转

150. （　　）不适合将复杂加工程序输入到数控装置。
(A) 纸带　　　　(B) 磁盘　　　　(C) 电脑　　　　(D) 键盘

151. 数控机床手动进给时，模式选择开关应放在（　　）。
(A) JOG FEED　　(B) RELEASE　　(C) ZERO RETURN　　(D) HANDLE FEED

152. 选择刀具起始点时应考虑（　　）。
(A) 防止与工件或夹具干涉碰撞　　(B) 方便工件安装测量
(C) 每把刀具刀尖在起始点重合　　(D) 必须选在工件的外侧

153. G92 X20 Y50 Z30 M03 表示点（20，50，30）为（　　）。
(A) 点（20，50，30）为刀具的起点　　(B) 程序起点
(C) 点（20，50，30）为机床参考　　(D) 程序终点

154. 在使用 G53-G59 工件坐标系时，就不再用（　　）指令。
(A) G90　　　　(B) G17　　　　(C) G49　　　　(D) G92

155. 增量值编程是根据前一个位置算起的坐标增量来表示目标点位置，用地址（　　）编程的一种方法。
(A) X、U　　　　(B) Y、V　　　　(C) X、Y　　　　(D) U、V

156. 数控机床在轮廓拐角处产生"欠程"现象，应采用（　　）方法控制。
(A) 提高进给速度　　　　(B) 修改坐标点
(C) 减速或暂停　　　　　(D) 人工补偿

157. 数控加工程序单是编程人员根据工艺分析情况，经过数值计算，按照机床特点的（　　）编写的。
(A) 汇编语言　　(B) BASIC 语言　　(C) 指令代码　　(D) AutoCAD 语言

158. 数控机床的程序保护开关的处于（　　）位置时，可以对程序进行编辑。
(A) ON　　　　(B) IN　　　　(C) OUT

159. 在数控机床上加工封闭轮廓时，一般沿着（　　）进刀。
(A) 法向　　　　(B) 切向　　　　(C) 轴向　　　　(D) 任意方向

160. 程序编制中首件试切的作用是（　　）。
(A) 检验零件图样设计的正确性
(B) 检验零件工艺方案的正确性
(C) 检验程序单及控制介质的正确性，综合检验所加工的零件是否符合图样要求
(D) 测试数控程序的效率

161. 在机床执行自动方式下按进给暂停键时，（　　）立即停止，一般在编程出错或将碰撞时按此键。
(A) 计算机　　　(B) 控制系统　　(C) 主轴转动　　(D) 进给运动

162. 数控机床工作时，当发生任何异常现象需要紧急处理时应启动（　　）。
(A) 程序停止功能　　　　(B) 暂停功能
(C) 急停功能　　　　　　(D) 关闭电源

163. 以下（　）不是进行零件数控加工的前提条件。
(A) 已经返回参考点　　　　　　　(B) 待加工零件的程序已经装入 CNC
(C) 空运行　　　　　　　　　　　(D) 已经设定了必要的补偿值

164. 数控机床电气柜的空气交换部件应（　）清除积尘，以免温升过高产生故障。
(A) 每日　　　(B) 每周　　　(C) 每季度　　　(D) 每年

165. 交、直流伺服电动机和普通交、直流电动机的（　）。
(A) 工作原理及结构完全相同　　　(B) 工作原理相同，但结构不同
(C) 工作原理不同，但结构相同　　(D) 工作原理及结构完全不同

166. PWM-M 系统是指（　）。
(A) 直流发电机—电动机组
(B) 可控硅直流调压电源加直流电动机组
(C) 脉冲宽度调制器—直流电动机调速系统
(D) 感应电动机变频调速系统

167. 过流报警是属于（　）类型的报警。
(A) 系统报警　　(B) 机床侧报警　　(C) 伺服单元报警　　(D) 电机报警

168. 若铣床工作台纵向丝杆有间隙调整装置，则此铣床（　）。
(A) 通常采用逆铣而不采用顺铣　　(B) 通常采用顺铣而不采用逆铣
(C) 既能顺铣又能逆铣

169. 故障维修的一般原则是（　）。
(A) 先动后静　　(B) 先内部后外部　　(C) 先电气后机械　　(D) 先一般后特殊

170. 在切削金属材料时，属于正常磨损中最常见情况的是（　）磨损。
(A) 前面　　　(B) 后面　　　(C) 前、后面同时

171. 当铣削（　）材料工件时，铣销速度可适当取得高一些。
(A) 高锰奥氏体　　(B) 高温合金　　(C) 紫铜　　　(D) 不锈钢

172. 高温合金导热性差、高温强度大、切削时容易黏刀，所以铣削高温合金时，后角要稍大一些，前角应取（　）。
(A) 正值　　　(B) 负值　　　(C) 0　　　　(D) 不变

173. 下述主轴回转精度测量方法中，常用的是（　）。
(A) 静态测量　　(B) 动态测量　　(C) 间接测量　　(D) 直接测量

174. 必须在主轴（　）个位置上检验铣床主轴锥孔中心线的径向圆跳动。
(A) 1　　　(B) 2　　　(C) 3　　　(D) 4

175. 数控机床轴线的重复定位误差为各测点重复定位误差中的（　）。
(A) 平均值　　　　　　　　　　　(B) 最大值
(C) 最大值与最小值之差　　　　　(D) 最大值与最小值之和

176. （　）与数控系统的插补功能及某些参数有关。
(A) 刀具误差　　(B) 逼近误差　　(C) 插补误差　　(D) 机床误差

177. 机床各坐标轴终端设置有极限开关，由极限开关设置的行程称为（　）。
(A) 极限行程　　(B) 行程保护　　(C) 软极限　　　(D) 硬极限

178. 限位开关在电路中起的作用是（　　）。
（A）短路保护　　（B）过载保护　　（C）欠压保护　　（D）行程控制

179. 二氧化碳灭火器，主要用于扑救（　　）火灾。
（A）精密仪器、电气、油、酸类等　　（B）钾、钠、镁、铝等
（C）天然气及其设备等　　（D）化工化纤原料等

180. 水灭火系统中，泵房间内管道安装工程量，按（　　）有关项目编制工程量清单。
（A）消火栓管道　　（B）喷淋管道　　（C）给水管道　　（D）工业管道

181. 在质量检验中，要坚持"三检"制度，即（　　）。
（A）自检、互检、专职检　　（B）首检、中间检、尾检
（C）自检、巡回检、专职检　　（D）首检、巡回检、尾检

182. 爱岗敬业就是对从业人员（　　）的首要要求。
（A）工作态度　　（B）工作精神　　（C）工作能力　　（D）以上均可

实训自测题六

1. 数控高级工鉴定包括哪几方面内容？相应的能力要求是什么？

2. 数控职业鉴定分几个等级？参加高级工鉴定考试有哪几个条件？

3. 制定加工工艺并编制图 6.1 所示零件的加工程序。

4. 制定加工工艺并编制图 6.4 所示零件的程序。

参考文献

[1] 翟瑞波. 数控机床编程与操作. 北京：中国劳动和社会保障出版社出版，2004
[2] 周虹. 数控原理与编程实训. 北京：人民邮电出版社，2011
[3] 杨伟群. 数控工艺培训教程. 北京：清华大学出版社，2002
[4] 陆剑中. 机械制造工艺与机床夹具. 北京：机械工业出版社，2012
[5] 白恩远. 现代数控机床伺服及检测技术. 北京：国防工业出版社，2005
[6] 何四平. 数控机床操作与编程实训. 北京：机械工业出版社，2013
[7] 方立志. 数控实训教程. 南京：江苏大学出版社，2011
[8] 劳动和社会保障部 中国就业培训技术指导中心. 数控铣床操作工，2001
[9] 劳动和社会保障部 中国就业培训技术指导中心. 数控车床操作工，2001
[10] SINUMERIK 802D 操作编程-车床，2008
[11] BEIJING-FANUC 0i-TC 操作说明书，2008
[12] SINUMERIK 802D 操作编程-铣床，2010
[13] BEIJING-FANUC 0iMATE-MC 操作说明书，2010
[14] 刘蔡宝. 数控机床故障诊断与维修. 北京：化学工业出版社，2012
[15] 数控加工技师手册编委会. 数控加工技师手册. 北京：机械工业出版社，2005
[16] 张超英. 数控加工工艺编程及实训. 北京：高等教育出版社，2003